U0208500

图解
博弈论

鸿雁 编著

吉林文史出版社
JILIN WENSHI CHUBANSHE

图书在版编目（CIP）数据

图解博弈论 / 鸿雁编著. -- 长春：吉林文史出版社, 2017.5

ISBN 978-7-5472-4051-9

Ⅰ.①图… Ⅱ.①鸿… Ⅲ.①博弈论—图解 Ⅳ.①O225-64

中国版本图书馆CIP数据核字(2017)第091432号

图解博弈论

TUJIE BOYILUN

出 版 人	孙建军
编 著 者	鸿 雁
责任编辑	于 涉 董 芳
责任校对	薛 雨 王莹莹
封面设计	韩立强
出版发行	吉林文史出版社有限责任公司（长春市人民大街4646号）
	www.jlws.com.cn
印 刷	北京海德伟业印务有限公司
版 次	2017年5月第1版 2017年5月第1次印刷
开 本	640mm×920mm 16开
字 数	200千
印 张	16
书 号	ISBN 978-7-5472-4051-9
定 价	49.00元

前　言

　　无论小孩子之间的游戏，还是大人们之间的谋略，生活中的一切，都可以从博弈论的角度来分析、解释。博弈论，又称对策论，是使用严谨的数学模型研究冲突对抗条件下最优决策问题的理论。作为一门正式学科，博弈论是在20世纪40年代形成并发展起来的。它原是数学运筹中的一个支系，用来处理博弈各方参与者最理想的决策和行为的均衡，或帮助具有理性的竞赛者找到他们应采用的最佳策略。在博弈中，每个参与者都在特定条件下争取其最大利益。博弈的结果，不仅取决于某个参与者的行动，还取决于其他参与者的行动。

　　古今中外人们都在不知不觉中运用着博弈论，因此无论大人少年，懂得必要的策略知识将在方方面面更胜一筹。当下社会，人际交往日趋频繁，人们越来越相互依赖又相互制约，彼此的关系日益博弈化了。不管懂不懂博弈论，你都处在这世事的弈局之中，都在不断地博弈着。

　　其实，我们日常的工作和生活就是不停地博弈决策的过程。我们每天都必须面对各种各样的选择，在各种选择中进行适当的决策。在单位工作，关注领导、同事，据此自己采取适当的对策。平日生活里，结交哪些人当朋友，选择谁做伴侣，其实都在博弈之中。这样看来，仿佛人生很累，但事实就是如此，博弈就是无处不在的真实策略"游戏"。古语有云，世事如棋。生活中每个人如同棋手，其每一个行为如同在一张看不见的棋盘上布一个子儿，精明慎重的棋手们相互揣摩、相互牵制，人人争赢，下出诸多精彩纷呈、变化多端的棋局。在社会人生的博弈中，人与人之间的对立与斗争会淋漓尽致地呈现出来。博弈论的伟大之处正在于其通过规则、身份、信息、行动、效用、平衡等各种量化概念对人情世事进行了精妙的分析，清晰地揭示了当下社会中人们的各种互动行为、互动关系，为人们正确决策提供了指导。如果将博弈论与下围棋联系在一起，那么博弈论就是研究棋手们出棋时理性化、逻辑化的部分，并将其系统化为一门科学。

　　目前，博弈论在经济学中占据越来越重要的地位，在商战中被频繁地运用。此外，它在国际关系、政治学、军事战略和其他各个方面也都得到了广泛的应用。甚至人际关系的互动、夫妻关系的协调、职场关系的争夺、商场关系的出招、股市基金的投资，等等，都可以用博弈论的思维加以解决。总之，博弈无处不在，自古至今，从战场到商场、从政治到管理、从恋爱到婚姻、从生活到工作……几乎每一个人类行为都离不开博弈。在今天的现实生活中，如果你能够掌握博弈智慧，就会发现身边的每一件让你头痛的小事，从夫妻吵架到要求加薪都能够借用博弈智慧达到自己的目的。而一旦你能够在生活和工作的各个方面把博弈智慧运用得游刃有余，成功也就在不远处向你招手了。

著名经济学家保罗·萨缪尔森说："要想在现代社会做一个有文化的人，你必须对博弈论有一个大致了解。"真正全面学通悟透博弈论固然困难，但掌握博弈论的精髓，理解其深刻主旨，具备博弈的意识，无疑对人们适应当今社会的激烈竞争具有重要意义。在这个竞争激烈的社会中，在人与人的博弈中，应该意识到你的对手是聪明且有主见的主体，是关心自己利益的活生生的主体，而不是被动的和中立的角色。他们的目标往往会与你的目标发生冲突，但他们与你也包含着潜在的合作的因素。你作出抉择之时，应当考虑这些冲突的因素，更应当注意发挥合作因素的作用。在现代社会，一个人不懂得博弈论，就像夜晚走在陌生的道路上，永远不知道前方哪里有障碍、有沟壑，只能一路靠自己摸索下去，将成功、不跌倒、不受挫的希望寄托在幸运、猜测上。而懂得博弈论并能将这种理论娴熟运用的人，就仿佛同时获得了一盏明灯和一张地图，能够同时看清脚下和未来的路，必定畅行无阻。

博弈是智慧的较量，互为攻守但却又相互制约。有人的地方就有竞争，有竞争的地方就有博弈。人生充满博弈，若想在现代社会做一个强者，就必须懂得博弈的运用。

博弈论的理论虽然深邃，但是表现形式还是浅显易懂的，本书致力于让大家都能读懂博弈论，图文并茂地对博弈论的基本原理进行了深入浅出的探讨，详细介绍了纳什均衡、囚徒困境、智猪博弈、猎鹿博弈、路径依赖博弈等博弈模型的内涵、适用范围、作用形式，将原本深奥的博弈论通俗化、简单化、清晰化。同时对博弈论在政治、管理、营销、信息战及人们日常的工作和生活中的应用作了详尽而深入的剖析。

通过这本图解书，读者可以更加轻松地了解博弈论的来龙去脉，应用右脑图示法快速地掌握博弈论的精义，开阔眼界，提高自己的博弈水平和决策能力，将博弈论的原理和规则运用到自己的人生实践中，面对问题作出理性选择，避免盲目行动，在人生博弈的大棋局中占据优势，获得事业的成功和人生的幸福。

目 录

第一章

博弈论入门

什么是博弈论：从"囚徒困境"说起

一天，警局接到报案，一位富翁被杀死在自己的别墅中，家中的财物也被洗劫一空。经过多方调查，警方最终将嫌疑人锁定在杰克和亚当身上，因为事发当晚有人看到他们两个神色慌张地从被害人的家中跑出来。警方到两人的家中进行搜查，结果发现了一部分被害人家中失窃的财物，于是将二人作为谋杀和盗窃嫌疑人拘留。

但是到了拘留所里面，两人都矢口否认自己杀过人，他们辩称自己只是路过那里，想进去偷点东西，结果进去的时候发现主人已经被人杀死了，于是他们随便拿了点东西就走了。这样的解释不能让人信服，再说，谁都知道在判刑方面杀人要比盗窃严重得多。警察决定将两人隔离审讯。

隔离审讯的时候，警察告诉杰克："尽管你们不承认，但是我知道人就是你们两个杀的，事情早晚会水落石出的。现在我给你一个坦白的机会，如果你坦白了，亚当拒不承认，那你就是主动自首，同时协助警方破案，你将被立即释放，亚当则要坐 10 年牢；如果你们都坦白了，每人坐 8 年牢；都不坦白的话，可能以入室盗窃罪判你们每人 1 年，如何选择你自己想一想吧。"同样的话，警察也说给了亚当。

一般人可能认为杰克和亚当都会选择不坦白，这样他们只能以入室盗窃的罪名被判刑，每人只需坐 1 年牢。这对于两人来说是最好的一种结局。可结果会是这样的吗？答案是否定的，两人都选择了招供，结果每人各被判了 8 年。

事情为什么会这样呢？杰克和亚当为什么会作出这样"不理智"的选择呢？其实这种结果正是两人的理智造成的。我们先看一下两人坦白与否及其结局的矩阵图：

当警察把坦白与否的后果告诉杰克的时候，杰克心中就会开始盘算坦白对自己有利,还是不坦白对自己有利。杰克会想,如果选择坦白,要么当即释放,要么同亚当一起坐 8 年牢;要是选择不坦白,虽然可能只坐 1 年牢,但也可能坐 10 年牢。虽然（1，1）对两人而言是最好的一种结局,但是由于是被分开审讯,信息不通,所以谁也没法保证对方是否会选择坦白。选择坦白的结局是 8 年或者 0 年,选择不坦白的结局是 10 年或者 1 年,在不知道对方选择的情况下,选择坦白对自己来说是一种优势策略。于是,杰克会选择坦白。同时,亚当也会这样想。最终的结局便是两个人都选择坦白,每人都要坐 8 年牢。

		杰克	
		坦 白	不坦白
亚 当	坦 白	（8，8）	（10，0）
	不坦白	（0，10）	（1，1）

上面这个案例就是著名的"囚徒困境"模式,是博弈论中最出名的一个模式。为什么杰克和亚当每个人都选择了对自己最有利的策略,最后得到的却是最差的结果呢? 这其中便蕴涵着博弈论的道理。

博弈论是指双方或者多方在竞争、合作、冲突等情况下,充分了解各方信息,并依此选择一种能为本方争取最大利益的最优决策的理论。博弈论的概念中显示了博弈必须拥有的四个要素,即至少两个参与者、利益、策略和信息。按照博弈的结果来分,博弈分为负和博弈、零和博弈与正和博弈。

"囚徒困境"中杰克和亚当便是参与博弈的双方,也称为博弈参与者。两人之所以陷入困境,是因为他们没有选择对两人来说最优的决策,也就是同时不坦白。而根本原因则是两人被隔离审讯,无法掌握对方的信息。所以,看似每个人都作出了对自己最有利的策略,结果却是两败俱伤。

我们身边的很多事情和典故中也有博弈论的应用,我们就用大家比较熟悉的"田忌赛马"这个故事来解释一下什么是博弈论。

博弈论的分类

结果1

既然谁也不肯退让，那就都不看！

负和博弈

负和博弈是指博弈的参与者最后得到的收获都小于付出，都没有占到便宜，是一种两败俱伤的博弈。

结果2

我争不过你，你自己看吧，我去打游戏。

零和博弈

零和博弈是指参与者中一方获益，另一方损失，并且参与者之间获得的利益与损失之和为零。

结果3

好吧，那先陪你看球赛。反正我已经看过那部电视剧了。

正和博弈

正和博弈又被称为双赢博弈、合作博弈，是指参与者都能获益，或者一方的收益增加并不影响其他参与者的利益，这种博弈被认为是结局最好的一种博弈，也就是双赢。

博弈的三大类别

齐国大将田忌，平日里喜欢与贵族赛马赌钱。

当时赛马的规矩是每一方出上等马、中等马、下等马各一匹，共赛三场，三局两胜制。由于田忌的马比贵族们的马略逊一筹，所以十赌九输。当时孙膑在田忌的府中做客，经常见田忌同贵族们赛马，对赛马的比赛规则和双方马的实力差距都比较了解。这天田忌赛马又输了，非常沮丧地回到府中。孙膑见状，便对田忌说："明天你尽管同那些贵族们下大赌注，我保证让你把以前输的全赢回来。"田忌相信了孙膑，第二天约贵族赛马，并下了千金赌注。

孙膑为什么敢打保证呢？因为他对这场赛马的博弈做了分析，并制定了必胜的策略。赛前孙膑对田忌说："你用自己的下等马去对阵他的上等马，然后用上等马去对阵他的中等马，最后用中等马去对阵他的下等马。"比赛结束之后，田忌三局两胜，赢得了比赛。田忌从此对孙膑刮目相看，并将他推荐给了齐威王。

一个能争取最大利益的策略，也就是最优策略。所以说，这是一个很典型的博弈论在实际中应用的例子。

在这里还要区分一下博弈与博弈论的概念，以免搞混。它们既有共同点，又有很大的差别。

"博弈"的字面意思是指赌博和下围棋，用来比喻为了利益进行竞争。自从人类存在的那一天开始，博弈便存在，我们身边也无时无刻不在上演着一场场博弈。而博弈论则是一种系统的理论，属于应用数学的一个分支。可以说博弈中体现着博弈论的思想，是博弈论在现实中的体现。

博弈作为一种争取利益的竞争，始终伴随着人类的发展。但是博弈论作为一门科学理论，是1928年由美籍匈牙利数学家约翰·冯·诺依曼建立起来的。他同时也是计算机的发明者，计算机在发明最初不过是庞大、笨重的算数器，但是今天已经深深影响到了我们生活、工作的各个方面。博弈论也是如此，最初冯·诺依曼证明了博弈论基本原理的时候，它只不过是一个数学理论，对现实生活影响甚微，所以没有引起人们的注意。

直到 1944 年，冯·诺依曼与摩根斯坦合著的《博弈论与经济行为》发行出版。这本书的面世意义重大，先前冯·诺依曼的博弈理论主要研究二人博弈，这本书将研究范围推广到多人博弈；同时，还将博弈论从一种单纯的理论应用于经济领域。在经济领域的应用，奠定了博弈论发展为一门学科的基础和理论体系。

谈到博弈论的发展，就不能不提到约翰·福布斯·纳什。这是一位传奇的人物，他于 1950 年写出了论文《N 人博弈中的均衡点》，当时年仅 22 岁。第二年他又发表了另外一篇论文《非合作博弈》。这两篇论文将博弈论的研究范围和应用领域大大拓展。论文中提出的"纳什均衡"已经成为博弈论中最重要和最基础的理论。他也因此成为一代大师，并于 1994 年获得诺贝尔经济学奖。后面我们还会详细介绍纳什其人与"纳什均衡"理论。

田忌赛马的制胜策略

田忌赛马出自《史记》卷六十五：《孙子吴起列传第五》，是中国历史上有名的揭示如何善用自己的长处去对付对手的短处，从而在博弈中获胜的事例。

	田忌	贵族
第一次（斗力）	上中下	上中下
	败	胜
第二次（斗智）	下上中	上中下
	胜	败

孙膑通过对赛马的博弈分析，为田忌制订了可以制胜的博弈策略，同样的马，只是调整了不同的出场顺序，便起到了不同的效果。

博弈论的发展历程

博弈论最初主要研究象棋、桥牌、赌博中的胜负问题。发展到今天，博弈论已经成了一门比较完善的学科，并被应用到各个领域。

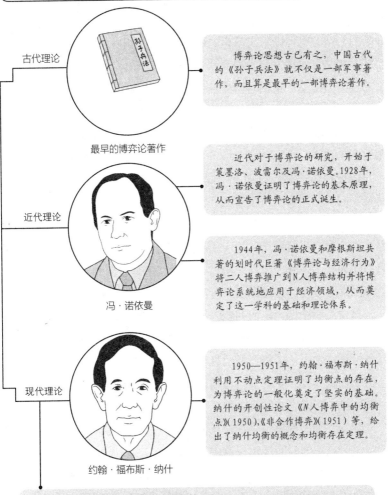

古代理论

最早的博弈论著作

博弈论思想古已有之，中国古代的《孙子兵法》就不仅是一部军事著作，而且算是最早的一部博弈论著作。

近代理论

冯·诺依曼

近代对于博弈论的研究，开始于策墨洛、波雷尔及冯·诺依曼。1928年，冯·诺依曼证明了博弈论的基本原理，从而宣告了博弈论的正式诞生。

1944年，冯·诺依曼和摩根斯坦共著的划时代巨著《博弈论与经济行为》将二人博弈推广到N人博弈结构并将博弈系统地应用于经济领域，从而奠定了这一学科的基础和理论体系。

现代理论

约翰·福布斯·纳什

1950—1951年，约翰·福布斯·纳什利用不动点定理证明了均衡点的存在，为博弈论的一般化奠定了坚实的基础。纳什的开创性论文《N人博弈中的均衡点》(1950)，《非合作博弈》(1951) 等，给出了纳什均衡的概念和均衡存在定理。

此外，塞尔顿、哈桑尼的研究也对博弈论发展起到推动作用。今天，博弈论已发展成一门较完善的学科。

经济学史上有三次伟大的革命，它们是"边际分析革命""凯恩斯革命"和"博弈论革命"。博弈论为人们提供了一种解决问题的新方法。

博弈论发展到今天，已经成了一门比较完善的学科，应用范围也涉及各个领域。研究博弈论的经济学家获得诺贝尔经济学奖的比例是最高的，由此也可以看出博弈论的重要性和影响力。2005 年的诺贝尔经济学奖又一次颁发给了研究博弈论的经济学家，瑞典皇家科学院给出的授奖理由是"他们对博弈论的分析，加深了我们对合作和冲突的理解"。

那么博弈论对我们个人的生活有什么影响呢？这种影响可以说是无处不在的。

假设，你去酒店参加一个同学的生日聚会，当天晚上他的亲人、朋友、同学、同事去了很多人，大家都玩得很高兴。可就在这时，外面突然失火，并且火势很大，无法扑灭，只能逃生。酒店里面人很多，但是安全出口只有两个。一个安全出口距离较近，但是人特别多，大家都在拥挤；另外一个安全出口人很少，但是距离相对远。如果抛开道德因素来考虑，这时你该如何选择？

这便是一个博弈论的问题。我们知道，博弈论就是在一定情况下，充分了解各方面信息，并作出最优决策的一种理论。在这个例子里，你身处火灾之中，了解到的信息就是远近共有两个安全门，以及这两个门的拥挤程度。在这里，你需要作出最优决策，也就是最有可能逃生的选择。那应该如何选择呢？

你现在要做的事情是尽快从酒店的安全门出去，也就是说，走哪个门出去花费的时间最短，就应该走哪个门。这个时候，你要迅速地估算一下到两个门之间的距离，以及人流通过的速度，算出走哪个门逃生会用更短的时间。估算的这个结果便是你的最优策略。

为什么赌场上输多赢少

零和博弈中一方有收益，另一方肯定有损失，并且各方的收益和损失之和永远为零。赌博是帮助人们理解零和博弈最通俗易懂的例子。

赌场上，有人赢钱就肯定有人输钱，而且赢的钱数和输的钱数相等。就跟质量守恒定律一样，每个赌徒手中的钱在不停地变，但是赌桌上总的钱数是不变的。负和博弈也是如此，博弈双方之间的利益有增有减，但是总的利益是不变的。

我们说的只是理论形式上的赌博，现实中有庄家坐庄的赌博并不是这样。庄家是要赢利的，他们不可能看着钱在赌徒之间流转，他们也要分一杯羹。拿赌球来说，庄家会在胜负赔率上动一点手脚。例如，周末英超上演豪门对决，曼联主场对阵切尔西，庄家开出的赔率是1∶9，曼联让半球。也就是说，如果曼联取胜，你下100元赌注，便会赢取90元。但是如果结局是双方打平，或者曼联输给了切尔西，那么你将输掉100元。曼联赢球和不赢球的比率各占50%，所以赌曼联赢的和赌曼联不赢的人各占一半。假设100个人投注，每人下注100元，50个人赌曼联赢，50个人赌曼联不赢。无论比赛最后结果如何，庄家都将付给赌赢的50个人每人90元，共计4500元；而赌输的50个人则将每人付给庄家100元，共计5000元，庄家赚500元。

由此可知，有庄家的赌博赢得少，输得多，所以有句话叫"赌场上十赌九输"。

其实零和博弈不仅体现在赌场上，期货交易、股票交易、各类智力游戏以及生活中无处不在。

零和博弈的特点在于参与者之间的利益是存在冲突的，那么我们就真的没有什么办法来改变这种结局吗？事实并不是这样，我们来看一下电影《美丽心灵》中的一个情景。

一个炎热的下午，纳什教授到教室去给学生们上课。窗外楼下有工人正在施工，机器产生的噪声传到了教室中。不得已，纳什教授将教室的窗户都关上，以阻止这刺耳的噪声。但是关上窗户之后就面临着一个新的问题，那就是太热了。学生们开始抗议，要求打开窗户。纳什对这个要求断然拒绝，他认为安静比凉爽重要得多。

让我们来看一下这场博弈，假设打开窗户，同学们得到清凉，解除炎热，他们得到的利益为 1，但是开窗就不能保证教室安静，纳什得到的利益就是 -1；如果关上窗户，学生们会感觉闷热、不舒服，得到的利益为 -1，而纳什得到了自己想要的安静，得到的利益为 1。总之，无论开窗还是不开窗，双方的利益之和均为 0，说明这是一场零和博弈。

赌场的零和游戏

　　零和博弈犹如跷跷板，一方的得利来自另一方的损失，得与失相抵为零。赌场是标准的零和博弈，对赌双方在作决策时都以自己的最大利益为目标，是利益对抗性最高的游戏，对参赌者来说，有人赢钱就有人输钱，但是赌桌上的总钱数是不变的。赌场中，即使庄家不取抽头，不搞别的花样，赌博也只是毫无益处地把金钱从一个人手里转到另一个手里。赌博并不创造价值，却要耗费时间和资源。其实，赌博是一场必输的游戏！

难道这个问题就没有解决方法吗？我们继续看剧情。

当大家准备忍受纳什的选择的时候，一个漂亮的女同学站了起来，她走到窗边打开了窗户。纳什显然对此不满，想打断她，这其实是博弈中参与者对自己利益的保护。但是这位女同学打开窗户后对在楼下施工的工人们说："嗨！不好意思，我们现在有点小问题，关上窗子屋里太热，打开窗子又太吵，你们能不能先到别的地方施工，一会儿再回来？大约45分钟。"楼下的工人说没问题，便选择了停止施工。问题解决了，纳什用赞许的眼光看着这位女同学。

让我们再来分析一下，此时外面的工人已经停止了施工，如果选择开窗，大家将既享受到清凉，又不会影响安静；如果选择关窗，大家只能得到安静，得不到清凉。这个时候纳什与学生们都会选择开窗，因为他们此时的利益不再冲突，而是相同，所以他们之间已经不存在博弈。这个故事告诉我们，解决负和博弈的关键在于消除双方之间关于利益的冲突。

最理想的结局：双赢

博弈的三种分类中，正和博弈是最理想的结局。

正和博弈就是参与各方本着相互合作、公平公正、互惠互利的原则来分配利益，让每一个参与者都获得满意的结果。

合作共赢的模式在古代战争期间经常被小国家采用，当他们自己无力抵抗强国时，便联合其他与自己处境相似的国家，结成联盟。其中最典型的例子莫过于春秋战国时期的"合纵"策略。

春秋战国时期，各国之间连年征战，为了抵抗强大的秦国，苏秦凭借自己的三寸不烂之舌游说六国结盟，采取"合纵"策略。一荣俱荣，一损俱损。正是这个结盟使得强大的秦国不敢轻易出兵，换来了几十年的和平。

从古代回到现代，中国与美国是世界上两个大国，我们从两国的经济结构和两国之间的贸易关系来谈一下竞争与合作。

中国经济近些年一直保持着高速增长。但是同美国相比，中国的产业结构调整还有很长的路要走。美国经济中，第三产业的贡献达到 GDP 总量的 75.3%，而中国只有 40% 多一点。进出口方面，中国经济对进出口贸易的依赖比较大，进出口贸易额已经占到 GDP 总量的 66%。美国随着第三产业占经济总量的比重越来越大，进出口贸易对经济增长的影响逐渐减弱。美国是中国的第二大贸易伙伴，仅次于日本。由于中国现在的很多加工制造业都是劳动密集型产业，所以生产出的产品物美价廉，深受美国人民喜欢。这也是中国对美国贸易顺差不断增加的原因。

全局最优的正和博弈

女孩需要橙子果肉，回家做鲜榨橙汁；男孩需要果皮，回家用来做蛋糕。

负和博弈

正和博弈

每人分半个橙子。女孩扔掉了果皮；男孩扔掉了果肉。

分给女孩果肉，分给男孩果皮，既没有浪费，每个人还多得了一份。

当博弈中发生冲突的时候，如果可以充分了解对方、取长补短、各取所需，往往会使双方走出负和博弈或者零和博弈，实现合作共赢。

中国对进出口贸易过于依赖的缺点是需要看别人脸色，主动权不掌握在自己手中。2008年掀起的全球金融风暴中，中国沿海的制造业便受到重创，很多以出口为主的加工制造企业纷纷倒闭。同时对美国贸易顺差不断增加并不一定是件好事，顺差越多，美国就会制定越多的贸易壁垒，以保护本国的产业。

由此可见，中国首先应该改善本国的产业结构，加大第三产业占经济总量的比重，减少对进出口贸易的依赖，将主动权掌握在自己的手中。同时，根据全球经济一体化的必然趋势，清除贸易壁垒，互惠互利，不能只追求一时的高顺差，要注意可持续发展。也就是竞争的同时不要忘了合作，双赢是当今世界的共同追求。

经济发展离不开博弈论

博弈论最早的应用领域是经济学，"博弈论革命"被称为经济学史上除了"边际分析革命""凯恩斯革命"之外的第三次伟大革命，它为人们提供了一种解决经济问题的新方法。由于贡献突出，诺贝尔经济学奖分别于1994年、1996年和2005年颁发给博弈论学者。这也都说明了博弈论已经成为经济学中思考和解决问题的一种有效手段。下面就让我们看一下，博弈论是如何在经济领域发挥作用的。

有市场就少不了竞争，而竞争面临最大的问题是双方都陷入"囚徒困境"，最简单的例子便是同行之间的恶性竞争——价格大战。当一方选择降价的时候，另一方只能选择降价，不降价将失去市场，而降价则会降低收益。这种困境便是"囚徒困境"。这个问题反映在社会中各个方面，不过最多的还是体现在商家之间的竞争中，导致的结果多为两败俱伤。

经过博弈论分析，这个问题的解决途径便是双方进行合作。这也是双方走出恶性竞争最有效的方式。当然，合作即意味着双方都选择让步。因此，合作既能带来收益，又面临着被对方背叛的危险。合作的达成需要考虑到很多方面的因素，个人道德是一方面，法律保障的合约是一方面，最重要的是要有共同利益。此外，合作还需要组织者，世界经济贸易组织（WTO）、石油合作组织（OPEC）等都是这类组织。

凡是事物都有两方面，既然陷入"囚徒困境"是痛苦的，那我们可以将这种痛苦施加到对手身上。假设你的工厂有两个主要供货商，你可以对一方承诺，如果他降价，则将订单全部给他；这个时候另外一个供货商便会选择降价，以保住自己的订单。这样，两个对手便陷入了一场价格战中，受益一方则是你。

上面仅是博弈论中"囚徒困境"模式在经济方面的一些体现和应用。除了竞争与合作以外，获得第一手信息、作出正确的决策也是非常重要的问题。

商场如战场，商场上决定博弈胜负的是作出的决策，而制定决策的依据是信息。因此，收集和分析对方信息便显得格外重要。掌握信息越多越全面的人，往往能制定出制胜的决策。这就好比打牌一样，如果你知道了对方手中的牌，即使你手中的牌不如对方的牌好，你照样可以战胜他。商战中也是如此，注意收集对手的信息，注意掌握自己的信息，注意关注市场的信息，做到知彼知己，方可百战不殆。很多商家不惜派出商业间谍去收集情报，以期望能占领信息高地。收集的信息需要分析，并以此制定出策略。信息好比是火药，而策略便是子弹，火药越多，其杀伤力便越大。

信息还可以分为私有信息和公共信息，当你掌握的信息属于私有信息的时候你该作出什么样的决策？当你掌握的信息属于公共信息的时候，又该作出什么样的决策？这都是商战中经常会面临的问题。如果你有一个策略，无论对手选择什么样的策略，这个策略都会给你带来最大收益，那你就应该选择这一策略，不用去考虑对手的选择。这是一种优势策略。如果你的策略需要参照对方的策略来制定的话，你需要推测对方的选择，然后据此制定自己的策略。

上面列举的是博弈论在经济方面的一些体现和应用，这只是其中很少一部分。可以说，经济领域涉及的任何问题都能在博弈论中找到相对应的模式和解答。博弈论的核心是参与者通过制定策略为自己争取最大利益。战争在今天已不是主题，现在世界上也没有大规模的战争在进行。所以纵观政治、经济、文化等领域，当前博弈论应用最广泛的便是经济领域。经济领域中每个人都是在通过自己的努力和策略为自己争取到更多的利益，小到个人的薪水，大到国际间的货币、能源战争，其中的核心思想同博弈论是相通的。因此，掌握好博弈论对

博弈论在经济中的应用

一个优秀的经济学家一定是博弈论的高手，因为博弈论会教你如何利用别人的优势来为自己争取最大的利益，中国古代的说法叫"借势"。

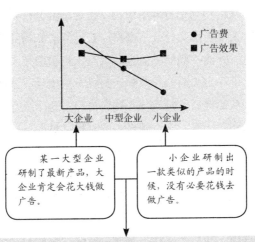

某一大型企业研制了最新产品，大企业肯定会花大钱做广告。

小企业研制出一款类似的产品的时候，没有必要花钱去做广告。

小企业只需要跟在大企业后面走就行。等市场打开了，小企业需要做的只是将同类型产品在商场中和大公司的品牌放到一起。这个时候大企业有品牌优势，小企业有价格优势。因为小企业没有付出广告费，价格里面没有广告成本，所以价格会相对便宜。这便是博弈论中典型的"搭便车"。

博弈论中还会涉及到公平分配、讨价还价等问题，都与经济和市场有很大的关系。所以在市场经济社会里，学些博弈论是尤为重要的。

于解决经济问题非常有帮助。

博弈论能帮助我们解决什么问题

如果你是一名学子，想要追求好的学习成绩，该怎样处理同学之间的关系呢？应该是既要互帮互助，又要有竞争意识；如果你是一名上班族，想要有一份好的待遇，那你应该如何保持同同事和老板之间的关系呢？这都是我们每天要面对的博弈，有时候是同别人，有时候是同自己，既有利益上的，也有思想上的。

博弈论的关键在于最优决策的选择，这种选择时时刻刻存在着：上大学选择哪个职业，毕业后选择哪家企业，如何选择合适的爱人，等等。博弈论对我们日常生活中的第一个影响便是教会你如何选择。

一个小女孩的房间里有两扇窗户，每天她都会打开窗户看一下外面的风景。这天早上她又打开了窗户，看见邻居家的猫从墙上跳了下去。就在这时，外面一辆疾驰而过的汽车，把猫撞死了。小女孩见到这一幕，发出了一声尖叫。这只猫以前经常陪她玩，没想到眼睁睁地看着它死去。从此之后，每当打开这扇窗户，这个小女孩都会想起这只猫，就会很伤心。有一次在她伤心的时候，她的爷爷走过来关上了这扇窗户，打开了另外一扇窗户。窗外是一个公园，草坪上很多小朋友和小狗跑来跑去，到处都是欢声笑语——看到这些，小女孩笑了。

爷爷对她说："孩子，你不高兴是因为选择错了窗户，以后开这扇窗你就不会伤心了。"

正确与错误、快乐与忧伤、善良与邪恶、振作与颓废，往往只有一个转身的距离。有的人在不经意间作出了一个错误的、被动的选择，这个时候只要转过身去，就会发现自己的路应该怎么走。选择和作出改变，往往是相辅相成的。选择不仅是选这个还是选那个的问题，我们还要明白什么时候作出选择会让我们把事情做得更好，怎样选择会给我们带来更大的利益。

这就是博弈论在生活中给我们的第一个启示：要会选择。

前面我们已经提到了博弈论的分类，按照最后博弈的结果来看，无非是负和、零和和正和三种。其中，负和也就是两败俱伤，是最不可取的，正和也就是双赢，是最优的。无论是想避免两败俱伤，还是想双赢，合作都是最有效，也是最常用的手段。同样的事情，选择不同的策略可能会有不同的结局。

最优策略并不是不让对方占自己一点便宜，而是需要综合眼前和将来的一系列因素，考虑到实际情况。

博弈论带给我们的启示

博弈与生活关系密切，它可以解释我们生活的方方面面。如朋友、婚姻、工作等，即使是身边的琐事都是博弈论的应用。

启示1：要会选择

如果选择的机会摆在我们面前，我们要把握住机会，对问题进行细致深入的分析，审慎地运用智慧，作出使自己受益最大的决策。

启示2：合作才能双赢

我们生存在一个充满竞争的时代，生存似乎变得越来越难，然而正是如此，才更需要与别人合作。最能有效地运用合作法则的人生存得最久，而且这个法则适合于任何领域。

启示3：善用策略

有效的策略、策略化的思维不能保证你在每次博弈中都取得胜利，但是会增加你取胜的机会，或者让你在逆境中获得转机。

必须把业务拓展到一线城市。

"一荣俱荣，一损俱损"，是《红楼梦》中对四大家族的评语，四大家族有各自的利益，也有共同的利益。帮助别人的时候看似是在动用自己的人际关系和钱财，但是他们明白这是一种投资，是一种相互利用的关系，因为自己也会有用到别人的那一天。如果其中一家高高挂起，不与其他三家往来，表面上看省去了许多开支，但从总体利益和长远利益来看，是把自己的发展之路变窄了。失去的将比省下的多得多。

这便是博弈论在生活中给我们的第二个启示：合作才能双赢。

公元前 203 年，楚军和汉军在广武对峙，当时已经是楚汉相争的第三个年头了，项羽粮草储备已经不多，所以他希望这场战争能够速战速决，不希望变成持久战、拉锯战。一天项羽冲着刘邦军中喊话："天下匈匈数岁者，徒以吾两人耳。愿与汉王挑战，决雌雄，毋徒苦天下之民父子为也。"意思是：天下百姓这些年来饱受战乱之苦，原因就是我们两人相争，我希望能与你决斗，一比高下，不要让天下百姓再跟着受苦了。刘邦是这样回应的，他说："吾宁斗智，不能斗力！"意思是：我跟你比的是策略，不是力气。

这里我们要表达对项羽心系天下百姓的敬意，但是刘邦的想法更符合博弈论的策略。我们生活里的冲突和对抗中，有一个好的策略远比有一个好的身体起作用。也就是说"斗智"要比"斗勇"管用。

这便是博弈论在生活中给我们的第三个启示：善用策略。

培养博弈思维

博弈是双方或者多方之间策略的互动，我们时刻处于这种互动之中，制定一个策略往往需要参考对方的策略。

博弈中策略选择的标准能为我们带来最大利益，这同时也是我们的目标。我们为了实现这个目标，通过理性的分析，分析自己所有策略可能带来的利益，分析对方所有策略可能对自己产生的影响，分析所有策略组合可能被选中的概率，从而选择出一种能帮助自己获取最大利益的策略。这个理性分析和选择的过程就是博弈思维。

博弈思维是一种科学、理性的思维方式，这种思维方式里面有强大的逻辑支撑，认为所有博弈结果均是参与者行动和决策决定的。正如"种瓜得瓜，种豆得豆"，种下什么，如何种便是行动和决策，而"得瓜"和"得豆"便是结果。只有依靠理性和科学的博弈思维，我们才能得到自己想要的结果。

思维方式与一个人的生活态度有很大的关系。有的人是宿命论，相信人的命运是由上天安排的，自己的努力不过是次要因素，这样的人不太喜欢积极进取。而具有博弈思维的人则相信命运就在自己手中，相对于"成事在天"更相信"谋事在人"。他们往往积极进取，不怨天，不放弃，能很清醒地认识自己。有的人没有人生目标，他们大都悲观厌世，没有目标就更不用谈如何制定策略去实现目标了；有的人总是有奋斗目标，他们是积极进取，不信天命的人，他们会不断制定目标，然后选择策略去实现这些目标。在拥有博弈思维的人眼中，机会主义不可行，天下没有免费的午餐，只有通过努力、行动和策略才能得到自己想要的东西。

人类时刻面临着挑战，无论是在政治、战争、商战中，还是在生活、工作中。这种生活状态决定了人们的策略选择和博弈思维时刻在发挥作用。想要在激烈的竞争中获得更大的利益，就需要将博弈思维发挥到极致。

成功与否取决于你是否是一个优秀的策略使用者，能否灵活地运用策略。优秀的策略使用者会在生活中不自觉地运用博弈思维，所以他们往往会取得成功；还有一些人也会使用策略，但是他们不懂博弈思维，选择和使用的很多策略都是不理性，不合理的，这就导致他们的人生是失意和平庸的。

有的人性格中带有先天性的成分，但是博弈思维不是。有人喜欢夸人说"天生就聪明"，这不过是一些奉承的话，后天的积累对一个人的影响远大于先天的遗传。我们可以通过学习使自己变得更聪明，如何选择策略和如何运用博弈思维都是可以学习的。下面就是关于博弈思维应用时需要注意的三个方面：

第一，做到理性分析，选择正确策略。一个人的感觉有时候会很准，但是真正起作用和有保证的还是理性思维。做到理性思维除了要有逻

商业中的博弈策略

同行之间为了争取市场，采取恶性的降价竞争，得到的结局只能是两败俱伤。如果无法在与对手的竞争中占得便宜，创新是另外一种有效的手段。

如果无法在与对手的竞争中占到便宜，不如换一种方式，比如合作或者开辟新的市场。这样都比在恶性降价竞争中搞得两败俱伤要好。

商场是一场博弈，有失败、困难、挫折，这都是成功之前需要跨过的障碍。只有战胜它们，战胜商场，才能成为命运的主人。

辑判断能力以外，还要控制自己，切忌冲动，遇事三思而后行。不过遇到紧急情况的时候，还是要当机立断的，以免延误战机。这种情况在战争和遇到突发事件的时候经常出现。

第二，从对方的角度来想问题。很多时候，在问题找不到突破口的时候，从对方的角度想问题便会找到新的解决方法。比如，我们要求自己要理性的时候，最怕自己出现不理性的行为，对方也是如此，因此，扰乱对方的理性也是一种策略。有时候，战胜对方不一定要把自己变得比对方更强大，只需要把对方变得比自己更弱便可以了。

第三，重视信息。信息是作出决策的依据，往往谁掌握的信息更全面谁的胜算就会更大。也可以将信息作为一种策略来使用，比如"声东击西"、"空城计"都是典型的向对方传达错误信息，以此来迷惑对方，达到自己的目的。信息问题涉及信息的收集、信息的甄别、信息的传递等几个方面。后面会有专门章节来阐述信息的问题。

人人都能成为博弈高手

博弈论属于应用数学的一个分支，最精准的表达方式是用函数和集合的形式来表达。因此，如果你懂数学的话，将更容易理解和掌握博弈论。这样说的话，是不是没有良好的数学基础就无法掌握博弈论呢？是不是学习博弈论之前还要先补习一下数学知识呢？答案是否定的。博弈论并不是数学家和经济学家的专利。不懂编程的人，照样可以熟练地使用计算机，同样，不懂专业的数学知识，我们照样可以成为生活中的博弈高手。就像孙膑一样，他并不是数学家，但他是一位博弈高手，他在田忌赛马中运用的便是博弈论的知识，最优策略的选择。

数学不应该成为我们学习博弈论的障碍。博弈论首先是一套逻辑，是来源于生活，应用于生活，用于解决实际问题的逻辑。其次才是数学，数学是博弈论最严谨的表达方式。博弈论最关键的在于策略化的思维方式和方法，而不在于用何种形式表现。简单地说，博弈论最关键的是教你如何想问题，而不是如何描述这个问题。

赌场中的赌徒不一定懂博弈论，但是他们善于运用博弈论。他们会根据自己手中的牌推测对方手中的牌，会根据对方的一个小动作、说话的语气和表情推测对方下一步出什么样的牌，甚至能推测对方的这些动作是不是用来迷惑自己的假象。当每一次出牌都是经过了思考和计算之后，赢牌的可能性就会增大。

唐朝诗人柳宗元曾经记述了一个故事，主人公虽然只是一个小孩子，但他却运用博弈的智慧，屡屡躲避过坏人的残害，并最终战胜了坏人。

故事是这样的，柳州有一个放牛的小孩名叫区寄，一天他在放牛的时候被两个强盗绑架了。这两个强盗想把他带到远处的市场上卖掉。他们怕区寄在路上哭闹，便将他双手反绑，并用布堵住了他的嘴。区寄心想，我要是哭闹，他们便对我看管更严，我若是装作害怕，他们便会对我放松警惕。于是他假装哭哭啼啼，身体瑟瑟发抖。果然，强盗见他这样，便放松了对他的警惕。这天中午，一个强盗去前面探路，另一个强盗躺在墙边睡着了，他的刀就插在离区寄很近的地上。区寄心想机会来了，便悄悄地将捆手的绳子在刀刃上磨断了。绳子断了，区寄用这把刀把睡熟的强盗杀了，拔腿便跑。

就在这时，去前面探路的那个强盗刚好回来，并看到了这一幕。他将区寄抓了回来，并要将他杀死。区寄连忙说："给两个主子当仆人，哪有伺候一个主子好呢？这个人待我不好，所以我将他杀了，你如果待我好，我什么事情都听你的。"区寄这样说是为了稳住这个强盗的情绪，让他冷静下来。他想这个强盗不可能杀自己，因为他若是杀了自己将两手空空，既损失了一个同伴，也损失了一笔钱财；他若是不杀自己，而是把自己卖了，那样的话他虽然损失了一个伙伴，但是原本两个人分的钱，现在他一个人独享了。不杀自己比杀了自己对这个强盗更有利。果然，强盗也是这么想的。

这个强盗掩埋了同伙的尸体，带着区寄继续上路，并对他看管得更严。这天他们来到了市场上，夜里强盗在专门的藏匿窝点住下了。区寄知道这是自己最后的机会，因为明天一早，强盗就会把自己卖掉。于是他慢慢翻过身，一步步挪向火炉旁，用炉火把自己手上的绳子烧断，又抽出强盗的刀，将熟睡中的强盗杀死。扔下刀他就跑到了大街上，

❀ 怎样成为博弈高手

做到理性分析，选择正确策略。做到理性思维除了要有逻辑判断能力以外，还要控制自己，切忌冲动，遇事三思而后行。

我们的产品一定要站在消费者的角度去制订革新方案。

从对方的角度想问题。很多时候，在问题找不到突破口的时候，从对方的角度想问题便会找到新的解决方法。站在对方的角度思考问题才会制订真正理性的策略。

重视信息。信息是作出决策的依据，往往谁掌握的信息更全面谁的胜算就会更大，"声东击西"、"空城计"都是利用向对方传达错误信息这一策略，以此来迷惑对方，达到自己的目的。

大声啼哭，惊醒了附近的人家。他告诉别人自己名叫区寄，被两个强盗抓到准备卖掉，希望好心人能报告官府。

不一会儿，负责市场治安的小吏就赶来了，他把这件事情报告了太府，太府召见了区寄，并对他的机智勇敢赞赏有加，最后派小吏将他送回了家。

尽管区寄不懂博弈，但是他知道如何运用博弈智慧。这个故事使我们明白，我们身上都有博弈的智慧，只是并不完备，或者不是我们处理困难时首先想到的方法。学习博弈论就是为了一方面学习，一方面挖掘出自身的博弈智慧，遇到困难首先想到要策略性地思考问题，找出解决问题的最优策略。这样，我们都能成为生活中的博弈高手。

很多了解博弈论的人都有这样的感触："中国人学习博弈论有着得天独厚的条件。"为什么会这样说呢？因为中国文化中有很浓的博弈色彩，春秋战国时期群雄争霸，秦始皇灭六国统一中国，魏蜀吴相互讨伐，其中都充满了双方的对抗和博弈。另外，无论是《三国演义》《孙子兵法》，还是近代的《厚黑学》，都在教你与别人的博弈中如何作最优决策，取得最后胜利。只不过其中没有提到"博弈"二字。无论是围魏救赵、暗度陈仓，还是釜底抽薪、欲擒故纵，我们今天用博弈论来分析这些策略的时候就会发现，这些策略都是博弈论在实战中的经典应用。

学习博弈论之后，再用博弈的眼光去审视周围的事情，从夫妻吵架、要求加薪到国际局势，博弈论的身影无处不在。如果你掌握了博弈论的智慧，成为了一个博弈高手，那么成功就离你不远了。

玩好"游戏"不简单

很多人认为博弈论总是给人一种高深莫测的感觉，其实不是这样。"博弈论"的英文名字叫"Game Theory"，直译的话就是"游戏理论"。

英语中的 Game 同汉语中的"游戏"意思有所不同，汉语中的"游戏"参与者一般是抱着消遣和娱乐的目的参与的，有时还会恶搞一下，不是那么正式，更谈不上认真。英语中的 Game 除了有这一层意思之外，还有"竞争"的意思，例如奥林匹克运动会在英文中的表达为"Olympic Games"，竞争的参与者必须遵守一定的规则。"Game Theory"也可以理解为教你如何在竞争中取胜。

博弈论最早是从游戏中而来。20 世纪初，数学家们对国际象棋、扑克、赌博这一类竞技游戏详加观察，试图总结出一套模式，能够对这些竞技游戏的结果进行推测。当他们用超越游戏高度的科学态度去观察和思考这些问题的时候，便产生了高于游戏，适用于众多领域的博弈论。可以说，游戏是抽象的博弈论，也是抽象的人生，游戏可以让我们认识博弈论，认识这个世界。

游戏都有相应的规则，游戏玩家需要遵循游戏规则，采取策略和行动，以争取获胜。这一点上博弈论与竞争游戏有相似之处。博弈论是以为自己争取最大利益为目的，这个过程中会考虑对手的策略，游戏也是如此，自己要出什么牌往往需要考虑对方手中还有什么牌。可以说，智力竞争游戏是一个抽象的模式，这个模式放大后可以适用到经济、政治、军事、管理等各个领域。因此我们可以说，博弈论就是研究怎么玩好游戏的理论。

现实社会错综复杂，人们往往容易被表面现象蒙蔽，只见树木不见森林，抓不住问题的实质。但是游戏是现实的抽象表达，我们可以只考虑问题的关键因素，将容易迷惑自己的干扰因素全部去掉，或者降至最低。这样就能"拨开云雾见青天"，一下子发现问题所在。

错综复杂的战争到了游戏中就被简化成了一盘棋，棋类游戏多是源自战争，围棋、象棋、军棋等，都是如此。围棋是中国最古老的智力游戏之一，最早也是模拟战争形态而来，虽然只有黑白两种棋子，但是其中包含的博弈内涵却非常深厚。下面我们就以围棋模拟战争为例，介绍一下游戏与博弈之间巧妙的关系。

博弈、游戏和战争

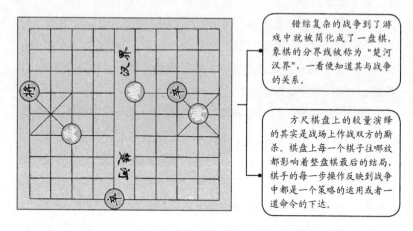

错综复杂的战争到了游戏中就被简化成了一盘棋，象棋的分界线被称为"楚河汉界"，一看便知道其与战争的关系。

方尺棋盘上的较量演绎的其实是战场上作战双方的厮杀。棋盘上每一个棋子往哪放都影响着整盘棋最后的结局，棋手的每一步操作反映到战争中都是一个策略的运用或者一道命令的下达。

博弈的目的是争取最大利益，围棋也是如此，围棋中"生死为上，夺利为先"说的就是这个意思。获取最大利益是博弈、战争、围棋游戏的共同目的。围棋的游戏规则非常简单，双方分别用黑色和白色的棋子在格状的棋盘上"抢地盘"，最后根据双方地盘大小决定胜负。

有人可能会问，这么古老的游戏能反映当今最为流行的博弈论吗？这也是可能的。我们知道历来战争的作战思想都是如何消耗、破坏、摧毁对方，这种作战思想被称为"重在摧毁"。近些年西方国家提出的最新战争指导思想是"重在效果"，区别于以前的"重在过程"。"重在效果"指导思想是指作战中重在控制住对方的整个作战体系，以解除对方的作战能力为主。包括率先摧毁敌人的机场、电台等交通和信息枢纽。

"基于效果"这种理念强调的是全局的整体利益，不纠缠于局部的蝇头小利。围棋中也有这样的作战思想，那就是摒弃一些虚的棋风、棋道，着眼于全局，让每一步棋子都发挥自己的作用。简单来说就是以赢棋为目标，每一步都扎实可行。这种棋风的棋手往往都很厉害，最好的例子便是韩国棋手李昌镐。

从博弈论的角度谈高薪养廉

收入多少会影响到一个官员是否贪污，高薪养廉是有一定的理论依据的。

这种做法对降低贪污腐败比率有一定的作用。但单纯靠提高薪酬这一个措施的话，肯定是不够的，必须多管齐下。

预防措施

加强执法力度，使贪污分子被揭发出来的概率变大。

增强处罚力度，对贪腐分子起到震慑作用。

加强道德教育，让官员从心里打消贪腐的念头。

小小的智力游戏可以反映出一个人的逻辑思维能力和制定策略能力，这一点越来越得到人们的认可，很多大公司都将一些智力题作为招聘时的面试考题，以此来考察一个人的逻辑思维能力。我们来看这样一道智力题，它是著名的微软公司招聘时的一道考题：

四个人进城，路上经过一座桥。当他们到达桥头的时候，天已经黑了，他们需要打着手电筒过桥，一次最多只能由两个人过桥，但是他们只有一个手电筒。并且手电的传递只能手手相传，不能抛扔。这四个人的过桥速度各不相同，若两人同时过桥，走得快的要照顾走得慢的，以走得慢的那个人的过桥时间为准。甲过桥需要 1 分钟，乙过桥需要 2 分钟，丙过桥需要 5 分钟，丁过桥需要 10 分钟。问题是，他们四个人能不能在 17 分钟之内全部过桥？

这种题目不是简单的加减运算，重在考察一个人的思维能力，从多种可能中找出最优策略。就拿这道题来说，看似非常复杂，其实不然。我们可以这样考虑一下，根据游戏规则，手电只能手手相传，也就是说先过桥的两个人中必须有一个要回来送手电，然后桥这边的三个人中只能过去两个，剩下一个，然后再有一个人回来送手电，最后这两个人一块过桥。这样的话，两个人一组过桥要过三次，而且要回来送手电送两次。过桥时间是以两个人中走得慢的为准，丙和丁分别需要 5 分钟和 10 分钟，他们两个搭档最为合算。返回送手电只需要一个人，走得快的人是最优选择，也就是甲和乙。这样分析的话，这个问题就简单了，丙和丁要一起过桥，而且回来送手电的应该是甲和乙。我们看一下答案：

甲和乙先过桥，共用 2 分钟，然后甲回来送手电，需要 1 分钟，丙和丁拿着手电过桥需要 10 分钟，乙再回来送手电，需要 2 分钟，最后甲和乙一块过桥需要 2 分钟。这样算下来，总共需要 2+1+10+2+2=17（分钟）。

这其中第一次回来送手电的是甲，第二次是乙，也可以把他们调过来，第一次让乙送，第二次让甲送，结果是一样的。

这种智力游戏同棋类游戏一样，最关键的地方在于决策的选择。在游戏中，博弈论已经简化到只需要选择出最优决策。刚开始学习围棋的小朋友同围棋九段大师之间的区别也只是决策高低的问题。游戏的初级玩家只懂得一些小策略，或者可以称为小技巧，等他们水平高了，便会制定出一些复杂的决策，或者破解对方圈套的同时给对方设置上圈套，这时他们已经成为博弈高手。

游戏中对手之间是相互依存的关系，你作出决策的依据是对方的决策，胜败不仅取决于你的决策是否够好，还取决于对手的策略是否比你技高一筹。这也是博弈论同游戏之间的相似之处。

比的就是策略

秦始皇是中国历史上非常伟大的一个帝王，他在两千多年前第一次统一了中国，并将中国建造成了当时世界上最庞大的帝国。在统一之前，秦国在国内进行了商鞅变法，无论是在经济、政治，还是军事方面，都实力大增。但是与其他六国的实力总和相比，还是有很大的差距。其余六国都已经感受到秦国崛起带来的威胁，怎样处理与秦国的关系，已经成了关乎国家存亡的大事。

在当时的局势下，六国可以采取的策略有两种。第一种是六国结成军事联盟，共同应对秦国崛起带来的威胁。如果秦国侵犯六国中任何一个国家，其他盟国必须要出兵相助，这种策略被称为"合纵"；第二种策略是"连横"，就是六个国家分别同秦国交好，签定互不侵犯、友好往来的协议。

当时六国中，齐国是与秦国实力最接近的一个国家，也是对秦国威胁最大的一个国家。无论是"合纵"，还是"连横"，都将是秦国的主要对手。

在当时的情形下，如果秦国默许六国结盟，那么也就无法完成统一大业。而且，齐国凭借自己的实力，定会成为同盟的核心，势力得以扩张。如果秦国采取"连横"策略，分别同六国签定互不侵犯条约，同时六国之间依旧结盟，那么秦国将同六国形成对峙局面，依然无法

策略决定成败

秦始皇统一六国，名垂史册，但当时秦国虽强大，却比不上六国共同的实力，倘若六国结盟，秦国必定不是对手。面对六国，秦国有三个策略可以选择，而秦始皇正是选择了最优策略，才完成了统一大业。

策略一：不采取主动措施，任由六国结盟。

结果

六国结盟实力强大，秦国不是对手，无法完成统一大业。

策略二：分别与六国结盟。

结果

虽分散了六国实力，但有盟约在，秦国依然无法攻打其他六国，所以无法完成统一。

从此我国就与贵国结盟了。

我们要先从邻国开始攻打，逐步完成统一。

策略三：远交近攻、分化离间。

结果

使六国无法统一实力，逐个攻击，一一打败，完成统一。

秦国采取第三种策略，逐个征服，在吞并齐国后，终于取得成功。可见策略的选择十分重要，最优的策略可以帮助人们取得成功。

完成统一大业。最后一种策略是，秦国同六国"连横"，并设法将六国之间的结盟拆散。那样的话，秦国就有机会将六国一一消灭。最终的历史真相是，秦国与齐国"连横"，从齐国开始下手破坏六国之间的结盟关系。

公元前230年起，秦始皇从邻国开始下手，采取远交近攻、分化离间等手段，拆散六国结盟，并将六国逐个击破。至公元前221年，秦国吞并齐国，终于完成了统一大业，秦始皇得以名垂千古。齐国也承受了策略失败带来的亡国之痛。

首先，这是一场博弈。博弈的参与者是秦国和其余六个国家，秦国的利益是争取更多的领土，统一中国；而其余六国的利益是保卫国土不受侵犯。在这场博弈中，各方的信息都是对等的，胜负的关键在于策略的制定。秦国制定了最优的策略，同时齐国制定了一个失败的策略。最终秦国的策略为他们带来了成功。

既然我们身边充满着博弈，那么，随时都需要对自己身处的博弈制定一个策略。同样的情况下，一个小策略可能就会给自己带来很大的收获。下面便是这样的一个例子。

今天是情人节，晚上男朋友拉着小丽去逛商场，说是要她自己选择一样东西，作为送她的情人节礼物。不过事先已经说好了，这样东西的价格不能超过800元。

两个人高高兴兴地来到了商场，逛了一段时间之后，小丽看中了一款皮包，不过标价是1500元。小丽心想这个价位有点高，如果自己贸然提出来要买的话，男朋友肯定不乐意。于是她先将这个包放下，一边看其他东西，一边想怎样能让男朋友心甘情愿地主动给自己买这个包。

想了一会儿之后，她有了主意。

那天晚上，他们逛遍了整座商厦，一件东西也没看中。男朋友不停地帮她挑衣服挑鞋子，但是哪一件她都看不上；男朋友又带她去看化妆品，试了几种之后，她表示没兴趣；男朋友又带她去看首饰，试来试去，总也找不到自己满意的。不管是什么，她都不去主动看，反而是男朋友越挑越急，帮着她挑这挑那。无论是什么，她都只回复"不好看"、"不喜欢"或者是"不感兴趣"。

　　就这样，从晚上七点一直逛到九点多，眼看商场都要关门了。今天买不上的话，到了明天就过了情人节了。男朋友此时已经由着急变成了泄气，他细数了一下，衣服不喜欢，鞋子也不喜欢，化妆品也不喜欢，首饰也不喜欢。那买个包怎么样？

　　这正是小丽心中想要的，便说："好吧！"

　　男朋友看到终于找到了女朋友喜欢的礼物，再加上前面费了这么大的力气，已经筋疲力尽，也就不再讨价还价，很高兴地给小丽买了那个 1500 元的皮包。

　　这件事情的成功完全得益于她的策略。如果直接提出来买，男朋友可能会不答应，或者即使买了也是很勉强。现在她不断地对男朋友说"不"，对他挑选的礼品进行否决。一个人屡屡被否决之后就会泄气，这个时候，你的一个肯定带给他的满足感会让他不再去考虑那些细枝末节的小问题，从而变得兴奋。

　　良好的策略能让一个国家完成统一大业，也能让一个女孩子争取到自己想要的礼品，这都说明博弈无处不在。职场中也是如此。

　　职场是一个没有硝烟的战场，公司与职员之间、领导与下属之间、同事之间，无论是合作还是竞争，都是博弈，都需要策略。

　　孙阳是一家公司的老总，最近公司人事调动，一名部门经理退休，需要提拔一名新的部门经理。经过筛选，孙阳认为现在公司里符合标准的有两个人：小张和小王。两人都是原先部门经理手下的副经理。小张因为工作时间长一些，业务要比小王熟练，被视为最有可能接替经理职位的人。小王虽然业务熟练程度稍逊一筹，但是办事细心，为人真诚。

选谁呢？孙阳认为业务能力只是工作能力的一部分，只要给予机会和时间，大部分人都能熟练掌握。而对待工作的态度则更重要，这一点上，他更欣赏小王。在任命部门经理的方式上，他有两个选择，也可以说是两个策略：

一是直接宣布任命小王为部门经理，小张继续担任副经理。

二是发布一个虚假消息，假传公司要招聘经理，看看两人的反应，再作决定。

第一个策略是大家常见的方式，这样的方式导致的后果便是小张满腹牢骚，工作积极性下降，甚至与新上司采取不合作的态度。这样的结局对公司和员工个人来说都不利，是一种会导致两败俱伤的决策。

第二个策略可以将两个人对待工作、对待公司的态度展现出来，到时候再宣布任命人选，输的一方就会心服口服。

最终孙阳选择了第二个策略。在公司开会的时候，他故意透漏了公司准备对外招聘经理的信息。果然不出所料，小张得知自己这次升迁的机会泡汤之后，虽然不敢对高层抱怨，在私底下却是满腹牢骚，工作积极性大减，这一切都被公司高层看在眼里。反观小王，他一如既往地工作，办事认真，待人诚恳，丝毫没有受到这个消息的影响，这也更坚定了孙阳任命他为部门经理的决心。

半个月之后，公司宣布不再对外招聘经理，而是内部提升。这个时候，公司高层在对两位人选的综合评定中，考虑了近半个月内两人的表现，最终决定让小王担任部门经理一职。这个结果也在小张的意料之中，他输得心服口服。

同样一件事情，用不同的策略来解决，得到的结果便不同。这就是策略的作用，也是策略的魅力所在。博弈论的核心是寻找解决问题的最优策略，本书中会针对不同类型的问题，分别给出相对应的最优策略。

神奇的"测谎仪"

不仅仅是在经济、政治方面，社会治安中也充斥着大量的冲突，因此博弈论在维护治安中也可以应用。尤其是在审讯犯人的时候，运用博弈论斗智斗勇，往往会得到意想不到的收获。前面讲的"囚徒困境"的案例中，就是博弈论在这方面成功运用的一个例子。

审讯犯人主要运用的是心理战，找到突破口击溃对方的心理防线，罪犯往往就会将犯罪经过和盘托出。用心理干预来破案，这样的事情古代就有。

明朝万历年间，一位知县在路过一家客栈的时候，正巧碰上一位住店的人盘缠被偷，被偷的人非常焦急。知县问他知不知道是被谁偷走的，这个人肯定自己的盘缠是被住在同一家客栈的人拿走了，但是在这里住宿的人多达十几个，他不能确定是谁。知县了解情况后，让老板把住宿的人全部找齐，然后找来一口大锅、一只公鸡，并将公鸡反扣在锅底下。知县对众人说，这只公鸡十分神奇，只要你用手摸一下锅，它就能感知到你是不是在说谎，如果你在说谎它便会啼叫。说完之后让人将窗帘放下，屋内顿时就黑了下来，每个住宿的客户包括客栈内的伙计、老板都围着锅转了一圈。但奇怪的是，等众人摸了一圈之后，公鸡并没有啼叫。大家都在怀疑可能小偷并不在这里住店，也有人说可能这个人根本就没有丢钱，是想讹诈店主。丢钱的这个人看到自己丢的钱追不回来了，急得号啕大哭。这时县令让人打开窗帘，说不要急，他已经找到偷钱的凶手了。大家都很好奇，一起去看锅底下的那只鸡，但是并没有听见它啼叫。这时县令走到一个人面前，抓住他的手便说，钱就是被这个人偷了。

这时县令解释说："这不过是一只普通的公鸡，并不能识别谎言，但是却能吓退小偷。我让大家摸铁锅只是想看看有没有人做贼心虚，堂堂正正的人是不怕这只公鸡的，只有那些真正的贼才有所顾忌，不敢去摸。现在大家手上都是锅灰，而唯有这个人的手是干净的，一点灰也没有。所以说，他就是偷钱的人。"最后真相果然同县令推测的一样，这个人就是小偷。

在这里，县令设下了一计，用铁锅和鸡制作了一个简易的"测谎仪"，利用了小偷做贼心虚的心理，将偷钱的人从一群人中甄别了出来。

"铁锅扣鸡"作为测谎仪显然是有点不太严谨，真实的测谎仪是通过仪器检测对方在交代供词的时候心理和生理的变化来判断对方是否说谎。

测谎仪的科学依据是什么呢？人在说谎的时候，外表、心理、生理上都会有异于常态的反应，一般是眼神东躲西藏，不敢看别人的眼睛，有时候会下意识地挠头、摸鼻子、抓耳挠腮，有的还会呼吸急促、出急汗、不断地咽唾沫、抖腿，这都是人潜意识中的异常行为，是不经意间流露出来的。除了外部的异常之外，人在说谎的时候生理也有反应，不过这就要靠测谎仪来检测了。脉搏、呼吸频率、皮肤电阻，都是鉴定对方是否说谎的依据。

我们知道，审讯中最重要的是如何让犯人交代问题，再就是辨别犯人交代的是真话还是假话。这就需要选择最好的一种审讯方式，不给犯人说假话的空间。下面这个例子，将会给我们这方面的启示。

从前有两个村庄，村庄离得不远，但是村子里的人却截然不同。其中一个村庄中的人喜欢说谎，这个村庄也被称为"说谎村"；另一个村庄的人非常诚实，从不说谎，这个村庄被人们称为"诚实村"。假设你要去诚实村，但是你之前没有去过，不知道哪个村是诚实村。你在村外的路口上犹豫该往哪边走的时候，从其中一个村庄走出一个人，你该如何利用这个人来帮你找到诚实村呢？

一般人会选择上前问路，但是这个人可能是诚实村的人，也可能是说谎村的人；他走出的这个村庄可能是诚实村，也可能是说谎村。这样，我们上前问他：你走出的这个村子是诚实村吗？我们可能会得到四种回答：

　　第一种：这是诚实村，这个人是诚实村的人，他会回答"是"。

　　第二种：这是诚实村，这个人是说谎村的人，他会回答"不是"。

　　第三种：这是说谎村，这个人是诚实村的人，他会回答"不是"。

　　第四种：这是说谎村，这个人是说谎村的人，他会回答"是"。

　　由此可知，我们根据这个人的回答是无法推测出哪个村是诚实村的。这里有一种非常简便的方法，能帮你辨别出诚实村。那就是让这个人带你回他们村，如果这个人是诚实村的人，那你将会到达诚实村，如果这个人是说谎村的人，他会对你撒谎，不带你回他本村，而是去诚实村。这样，无论带路人是哪个村的人，你都将到达诚实村了。

　　这场博弈中我们假设诚实村的人从不说谎，而说谎村的人永远说谎。但是现实中情况没有这么单纯，人往往是有时说真话，有时说谎话，真真假假，虚虚实实。这就加大了辨别的难度，所以就有很多人容易上当受骗。这也是博弈论在实际运用中要面对的一个问题。

第二章

纳什均衡

纳什：天才还是疯子

《美丽心灵》是一部非常经典的影片，它再现了伟大的数学天才约翰·纳什的传奇经历，影片本身以及背后的人物原型都深深地打动了人们。这部影片上映后接连获得了第59届金球奖的5项大奖，以及2002年第74届奥斯卡奖的4项大奖。纳什是一位数学天才，他提出的"纳什均衡"是博弈论的理论支柱。同时，他还是诺贝尔经济学奖获得者。但这并不是他的全部，而只是他传奇人生中辉煌的一面。我们在讲述"纳什均衡"之前，先来了解这位天才的传奇人生。

纳什于1928年出生在美国西弗吉尼亚州。他的家庭条件非常优越，父亲是工程师，母亲是教师。纳什小时候性格孤僻，不愿意和同龄孩子一起玩耍，喜欢一个人在书中寻找快乐。当时纳什的数学成绩并不好，但还是展现出了一些天赋。比如，老师用一黑板公式才能证明的定理，纳什只需要几步便可完成，这也时常会让老师感到尴尬。

1948年，纳什同时被4所大学录取，其中便包括普林斯顿、哈佛这样的名校，最终纳什选择了普林斯顿。当时的普林斯顿学术风气非常自由，云集了爱因斯坦、冯·诺依曼等一批世界级的大师，并且在数学研究领域一直独占鳌头，是世界的数学中心。纳什在普林斯顿如鱼得水，进步非常大。

1950年，纳什发表博士论文《非合作博弈》，他在对这个问题继续研究之后，同年又发表了一篇论文《N人博弈中的均衡点》。这两篇论文不过是几十页纸，中间还掺杂着一些纳什画的图表。但就是这几十页纸，改变了博弈论的发展，甚至可以说改变了我们的生活。他将博弈论的研究范围从合作博弈扩展到非合作博弈，应用领域也从经济领域拓展到几乎各个领域。可以说"纳什均衡"之后的博弈论变成了一种在各行业、各领域通用的工具。

发表博士论文的当年，纳什获得数学博士学位。1957 年他同自己的女学生阿丽莎结婚，第二年获得了麻省理工学院的终身学位。此时的纳什意气风发，不到 30 岁便成为了闻名遐迩的数学家。1958 年，《财富》杂志做了一个评选，纳什被评选为当时数学家中最杰出的明星。

上帝喜欢与天才开玩笑，处于事业巅峰时期的纳什遭遇到了命运的无情打击，他得了一种叫做"妄想型精神分裂症"的疾病。这种精神分裂症伴随了他的一生，他常常看到一些虚幻的人物，并且开始衣着怪异，上课时会说一些毫无意义的话，常常在黑板上乱写乱画一些谁都不懂的内容。这使得他无法正常授课，只得辞去了麻省理工大学教授的职位。

辞职后的纳什病情更加严重，他开始给政治人物写一些奇怪的信，并总是幻觉自己身边有许多前苏联间谍，而他被安排发掘出这些间谍的情报。精神和思维的分裂已经让这个曾经的天才变成了一个疯子。

他的妻子阿丽莎曾经深深被他的才华折服，但是现在面对着精神日益暴躁和分裂的丈夫，为了保护孩子不受伤害，她不得不选择同他离婚。不过，他们的感情并没有就此结束，她一直在帮他恢复。1970 年，纳什的母亲去世，他的姐姐也无力抚养他，当纳什面临着露宿街头的困境时阿丽莎接收了他，他们又住到了一起。阿丽莎不但在生活中细致入微地照顾纳什，还特意把家迁到僻静的普林斯顿，远离大城市的喧嚣，她希望曾经见证纳什辉煌的普林斯顿大学能重新唤起纳什的才情。

妻子坚定的信念和不曾动摇过的爱深深地感动了纳什，他下定决心与病魔作斗争。最终在妻子的照顾和朋友的关怀下，20 世纪 80 年代纳什的病情奇迹般地好转，并最终康复。至此，他不但可以与人沟通，还可以继续从事自己喜欢的数学研究。在这场与病魔的斗争中，他的妻子阿丽莎起了关键作用。

　　走出阴影后的纳什成为 1985 年诺贝尔经济学奖的候选人，依据是他在博弈论方面的研究对经济领域产生重要的影响。但是最终他并没有获奖，原因有几个方面：一方面当时博弈论的影响和贡献还没有被人们充分认识；另一方面瑞典皇家学院对刚刚病愈的纳什还不放心，毕竟他患精神分裂症已经将近 30 年了，诺贝尔奖获得者通常要在颁奖典礼上进行一次演说，人们担心纳什的心智没有完全康复。

纳什均衡的发展历程及应用范围

冯·诺依曼创立博弈论，但此时还仅仅是一个理论。

1944 年：应用到经济领域，但仅限于二人零和博弈。

1950 年：市场竞争中均衡博弈的作用很大。

20 世纪：美国应用纳什均衡原理开始举办拍卖会，政府和商家皆大欢喜。

1994 年：纳什获诺贝尔经济学奖。博弈论已经深入到生活中的各个场景中。

等到了 1994 年，博弈论在各领域取得的成就有目共睹，机会又一次靠近了纳什。但是此时的纳什没有头衔，瑞典皇家学院无法将他提名。这时纳什的老同学、普林斯顿大学的数理经济学家库恩出马，他先是向诺贝尔奖评选委员会表明：纳什获得诺贝尔奖是当之无愧的，如果以身体健康为理由将他排除在诺贝尔奖之外的话，那将是非常糟糕的一个决定。同时库恩从普林斯顿大学数学系为纳什争取了一个"访问研究合作者"的身份。这些努力没有白费，最终纳什站在了诺贝尔经济学奖那个高高的领奖台上。

当年，同时获得诺贝尔经济学奖的还有美国经济学家约翰·海萨尼和德国波恩大学的莱茵哈德·泽尔腾教授。他们都是在博弈论领域作出过突出贡献的学者，这标志着博弈论得到了广泛的认可，已经成为经济学的一个重要组成部分。

经过几十年的发展，"纳什均衡"已经成为博弈论的核心，纳什甚至已经成了博弈论的代名词。看到今天博弈论蓬勃地发展，真的不敢想象没有约翰·纳什博弈论的世界会是什么样子。

该不该表白：博弈中的均衡

在讲"纳什均衡"之前，我们需要了解一下什么是均衡。均衡在英文中为 equilibrium，是来自经济学中的一个概念。均衡也就是平衡的意思，在经济学中是指相关因素处在一种稳定的关系中，相关因素的量都是稳定值。举例说，市场上有人买东西，有人卖东西，商家和顾客之间是买卖关系，经过一番讨价还价，最终将商品的价格定在了一个数值上。这个价格既是顾客满意的，也是商家可以接受的，这个时候我们就说商家和客户之间达成了一种均衡。均衡是经济学中一个非常重要的概念，可以说是所有经济行为追求的共同目的。

说完了经济学中的均衡，再来看一下博弈论中的均衡。博弈均衡是指参与者之间经过博弈，最终达成一个稳定的结果。均衡只是博弈的一种结果，但并不是唯一的结果，要不然的话，纳什寻找均衡的努力就没有意义了。博弈的均衡是稳定的，这种稳定点是可以通过计算找到的，就像同一平面内两条不平行的直线必定有一个交点一样，只要我们知道存在这个交点，就一定能把它找出来。

让我们看一下下面这个例子，共同分析一下博弈中的均衡。

表白VS不表白

> 很多男女明明彼此喜欢却没有走到一起，分析其原因无非是怕被拒绝，双方都等对方先表白，结果错失机会。

男孩甲与女孩乙青梅竹马，对彼此都有好感，但是这份感情一直埋在各自心中，谁也没有跟对方表白过。这些年，不断有其他男孩跟女孩乙表白心意，但是都被女孩乙拒绝了，人家问她理由，她只是说自己心中已经有了人，他总有一天会向自己表白的。

同样，这些年男孩甲也碰到了不少向他表达爱意的女孩，他同样拒绝了她们，他说自己心里已经有了一个女孩，她会明白自己的心意的。

又过了几年，女孩乙迟迟不见男孩甲表白，有点心灰意冷，她决定试探一下他。这天她对男孩甲说："我决定到另外一个城市去工作。"

女孩乙希望男孩甲能挽留她，或者向她表白。但是没有，男孩甲心里只有失落，他想难道你不明白我的心意吗？最终他也没有说出口，只是祝对方幸福。女孩乙一气之下真的去了另外一个城市。

一年之后，女孩乙回来了，他见到男孩甲身边已经有了女朋友。原来男孩甲在经历了一段失落之后，又重新振作，找了一个女朋友。现在，男孩甲才明白当初女孩乙只是在试探自己，不过一切都已经晚了。

这是一个让人很失望的故事，原本应该在一起的两个人，最终却落得了这样的结局。

我们作为第三人，知道双方心中都给对方留了位置，其实不需要双方同时表白，只需要一方表白，便会得到皆大欢喜的结局。这样的话，此时要想皆大欢喜不再需要双方同时表白，只需一人表白即可。这时，最好的选择已经不是双方都保持沉默，而是任何一方大胆地说出自己的爱。

总之，这场博弈中存在着两个均衡，一个是皆大欢喜的均衡，一个是悲剧均衡，前者是我们追求的，而后者则是我们竭力避免的。此外，我们分析的只是一个理论模型，现实生活中的博弈会根据情况的复杂性和参与者是否够理智在进行着不断的变化，尤其是爱情方面。

有的博弈中只有一个均衡点，有的博弈中有多个均衡点，还有的博弈中的均衡点之间是可以相互转换的。当双方之间连续博弈，也就是所谓的重复性博弈的时候，博弈之间的均衡点便会发生转换。我们看一下下面这个例子：

一对夫妻正在屋子里休息，突然听到有人来敲门，原来是邻居想要借一下锤子用，丈夫非常不情愿地借给了他。原来，这个邻居隔三差五地来借东西，借了往往不主动归还，当你去要回的时候，他便装出一副很抱歉的样子说自己把这件事忘了。这让这对夫妻非常厌恶这个邻居，但是他们又没有什么像样的理由来拒绝他。

第二天这个邻居又来借锯，丈夫一想，我得想个办法治一下他这个坏毛病。于是便说："真是太巧了，我们下午要用锯去修剪树枝，十分抱歉。"

"你们两个都要去吗？"这位邻居显得非常沮丧。

"是的，我们两个都要去。"丈夫又说。

"那太好了！"这位邻居脸上立刻多云转晴，并说道，"你们去修剪树枝，肯定就不打球了，那能不能把你们家的高尔夫球杆借我用一下？"

这个故事中的均衡点在不断地转换，先是借锯，借锯不成之后均衡点又转向了借高尔夫球杆。总之，双方的策略在变，得到的均衡点也跟着变。最终，一方借走高尔夫球杆，一方借出高尔夫球杆成了这场博弈最后的均衡。

身边的"纳什均衡"

通过上节的两个例子我们已经明白了什么是均衡和博弈均衡，均衡就是一种稳定，而博弈均衡就是博弈参与者之间的一种博弈结果的稳定。关于均衡讲了这么多，下面就来讲本章的主题——"纳什均衡"。

商场之间的价格战近些年屡见不鲜，尤其是家电之间的价格大战，无论是冰箱、空调，还是彩电、微波炉，一波未息一波又起，这其中最高兴的就要数消费者了。我们仔细分析一下就可以发现，商场每一次价格战的模式都是一样的，其中都包含着"纳什均衡"。

我们假设某市有甲、乙两家商场，国庆假期将至，正是家电销售的旺季，甲商场决定采取降价手段促销。降价之前，两家的利益均等，假设是（10，10）。甲商场想，我若是降价，虽然单位利润会变小，但是销量肯定会增加，最终仍会增加效益，假设增加为14。而对方的一部分消费者被吸引到了我这边，利润会下降为6。若同时降价的话，两家的销量是不变的，但是单位利润的下降会导致总利润的下降，结果为（8，8）。两个商场降价与否的最终结局如表所示：

		甲	
		降价	不降价
乙	降价	（8，8）	（6，14）
	不降价	（14，6）	（10，10）

从表中可看出，两个商场在价格大战博弈中有两个"纳什均衡"：同时降价、同时不降价，也就是（8，8）和（10，10）。这其中，（10，10）的均衡是好均衡。按理说，其中任何一方没有理由在对方降价之前决定降价，那这里为什么会出现价格大战呢？我们来分析一下。

选择降价之后的甲商场有两种结果：（8，8）和（14，6）。后者是甲商场的优势策略，可以得到高于降价前的利润，即使得不到这种结果，最坏的结果也不过是前者，即（8，8），自己没占便宜，但是也没让对手占便宜。

而乙商场在甲商场做出降价策略之后，自己降价与否将会得到两种结果：（8，8）和（6，14），降价之后虽然利润比之前的10有所减少，但是比不降价的6要多，所以乙也只好选择降价。最终双方博弈的结果停留在（8，8）上。

其实最终博弈的结果是双方都能提前预料到的,那他们为什么还要进行价格战呢?这是因为多年价格大战恶性竞争的原因。往年都要进行价格大战,所以到了今年,他们知道自己不降价也得被对方逼得降价,总之早晚得降,所以晚降不如早降,不至于落于人后。

降价是消费者愿意看到的,但是从商场的角度来看则是一种损失,如果是特别恶性的价格战的话,甚至相互之间会出现连续几轮的降价,那样损失就更惨了。如果理性的话,双方都不降价,得到(10,10)的结果对双方来说是最好的。如果双方不但不降价,反而同时涨价的话,将会得到更大的利润。不过这样做属于垄断行为,是不被允许的。

看完商场价格战中的"纳什均衡"之后,再来看一下污染博弈中的"纳什均衡"。

随着经济的发展,环境污染逐渐成为了一个大问题。一些污染企业为了降低生产成本,并没有安装污水处理设备。站在污染企业的角度来看,其他企业不增加污水处理设备,自己也不会增加。这个时候他们之间是一种均衡,我们假设某市有甲、乙两家造纸厂,没有安装污水处理设备时,利润均为10,污水处理设备的成本为2,这样我们就可以看一下双方在是否安装污水处理设备上的博弈结果:

		甲	
		安装	不安装
乙	安装	(8,8)	(8,10)
	不安装	(10,8)	(10,10)

可以发现,如果站在企业的角度来看的话,最好的情况就是两方都不安装污水处理设备,但是站在保护环境的角度来看的话,这是最坏的一种情况。也就是说(10,10)的结果对于企业利益来说是一种好的"纳什均衡",对于环境保护来说是一种坏的"纳什均衡";同样,

双方都安装污水处理设备的结果（8，8）对于企业利益来说，是一种

🌸 我们身边的纳什均衡

　　我们时常会发现自己的电子邮箱中收到一些垃圾邮件，大部分人的做法是看也不看直接删除。或许你不知道，这些令人厌恶的垃圾邮件中也包含着一种"纳什均衡"。100万个收到邮件的人中只要有一个人相信了邮件中的内容，并成为其客户，公司就不算亏本。

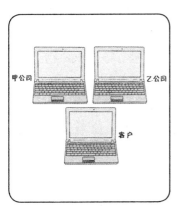

　　商场在价格大战博弈中也包含着"纳什均衡"。降价是消费者愿意看到的，但是从商场的角度来看则是一种损失，如果是特别恶性的价格战的话，甚至相互之间会出现连续几轮的降价，那样损失就更惨了。如果双方不但不降价，反而同时涨价的话，将会得到更大的利润。不过这样做属于垄断行为，是不被允许的。

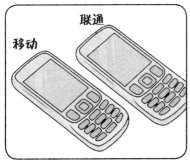

坏的均衡，对于环境保护来说则是一种好的均衡。

如果没有政府监督机制的话，（8，8）的结果是很难达到的，（8，10）的结果也很难达到，最有可能的便是（10，10）的结果。这是"纳什均衡"给我们的一个选择，如果选择经济发展为重的话，（10，10）是最好的；如果选择环境第一的话，（8，8）是最好的。发达国家的发展初期往往是先污染后治理，便是先选择（10，10），后选择（8，8）。现在很多发展中国家也在走这条老路，中国便是其中之一。近些年，人们切实感受到了环境污染带来的后果，对环境保护的意识大大提高，所以政府加强了污染监督管理机制，用强制手段达到一种环境与利益之间的均衡。

为什么有肯德基的地方就有麦当劳

有这样一个奇怪的现象，凡是有肯德基的地方，不出 100 米，基本上都能看到麦当劳的身影。在我们看来，肯德基和麦当劳应该是一对死对头，为什么它俩却偏偏喜欢和自己的对手做邻居呢？"纳什均衡"便可以帮助我们来解释这个问题。

为了分析这个问题，我们要建立一个简单的模型：

假设在 A 地和 E 地之间有一条笔直的公路，大小车辆川流不息，并且车流在这条公路上是均匀的。同时，A、B、C、D、E 5 个点将这段路均匀地分成 4 段。假设现在有甲、乙两家快餐店想在这条公路上开店，那么如何选址将会是最合理的呢？最终结局又会是怎样的呢？

上面的假设只是一种模型，但是又很有实际意义，当初肯德基和麦当劳便是靠公路快餐起家的。弄明白了这个问题，我们就会知道为什么肯德基和麦当劳喜欢做邻居。

在这个模型中我们还要假设两家快餐店的食物口味差不多，过往司机买快餐主要考虑的是哪一家离自己较近，既然食物口味差不多，就没有必要舍近求远。

根据上面的假设，两家快餐店最合理的布局便是一家设在 B 处，一家设在 D 处。这样它们就会各自拥有整条公路上 1/2 的客流量。从资源配置来看，这是最合理的一种布局，也是路上司机和行人们最喜欢的一种布局，人们总能最快地找到快餐店，节省

🌀 随处可见的同行扎堆现象

大型超市沃尔玛总喜欢跟家乐福建在很近的地方。

商场中阿迪达斯品牌喜欢与耐克品牌相邻，化妆品专柜则是各品牌的化妆品放在一起。

晚饭的时候是电视收视率最高的黄金时期，各大电视台都将自己最强档的节目安排在这个时间段播出。

扎堆现象的本质同肯德基与麦当劳位置关系的本质是一样的，都是在位置博弈中寻求最合理的解，寻求最优的"纳什均衡"点。

挤在一起对它们来说是最优的策略选择，会形成一种最优的"纳什均衡"。

时间。

不过，这只是理论上的最优，现实情况不一定会如此。要想当个好的生意人，不仅要学会理性，更要精明，在法律允许的范围内想尽一切手段去为自己争取最大利益。也就是说，同行的利益，路上行人和司机是否方便都不是快餐店选址的决定性因素，决定性因素是如何招来更多的顾客，让生意更红火，赚取更多的利益。

如果想要争取更多客户的话，甲快餐店会想，如果我把店址往中间挪一点，便会从乙快餐店手中争取到一部分客户，左边的客户可能会因此多走一点路，但是他们不可能因此而去另一家快餐店，因为那样的话将走更多的路。

如果甲快餐店往中间移动了，乙快餐店也会往中间移动，原因是一样的。经过双方多轮的互相较量，最终都将店址定在了C处。肯德基和麦当劳之间的位置关系同上述例子中甲、乙两家快餐店的关系是一样的，如果甲、乙代表的不是两家快餐店，而是几十家快餐店，结果是相同的，它们依然会聚集到C点，因为只要有一方选择了C点，如果另外一方不选择C点，客流量便会比对方低。

这个时候，双方之间便达成了一种"纳什均衡"。"纳什均衡"的定义告诉我们，博弈中一方需要根据对方的策略制定自己的最优策略。这个例子中，甲往中间移动了，乙根据甲的决策，作出自己的最优策略，就是也往中间移动。如果有一家移动到了C点上，另外一家最优决策也是移动到C点。

"纳什均衡"将商家聚集到了一起，形成了商业区，这是"纳什均衡"对人们生活的一种有益的影响。首先，商家聚集到一起会给消费者更多的选择，不用跑东城买完鞋子之后，再跑西城去买袜子，这对商家和消费者来说都是一种资源共享。商家聚到一起还会激发出消费者的购物欲望，原本分散经营的两个商家如果月利润都是20万的话，聚到一起可能总利润就会达到50万——这就是典型的1+1>2。

除了给消费者增加选择机会，给商家增加利润以外，对手们做邻居还会使得消费者享受到更高质量的服务。同行聚到一起，就不可避免要进行竞争，竞争导致的结果便是商家要想更好地发展和获利就需要提供更好的服务，更低廉的商品。这样才能使他们维持住现在的消费群，以及吸引新的消费者。

我们从肯德基和麦当劳的选址谈到了"纳什均衡"在实际生活中的应用，以及对我们生活的影响。可能我们以前大体明白其中的道理，只是不知道它是一种什么样的理论，现在我们明白了有一套系统的理论在支撑着这些现象的发生。

自私的悖论

"纳什均衡"对亚当·斯密的"看不见的手"的经济原理提出了挑战，并推翻了亚当·斯密的"每个人都从利己的角度出发，将会给社会带来最大的利益"的理论。实践证明纳什是对的，但是这也使人们产生了一个疑问：自私到底是好的，还是坏的？

自私在人们眼中是一种公认的缺点，那么是不是所有的自私自利的行为都是该被声讨的呢？凡事都有两面，世界上没有绝对的事情。通过下面的故事，我们来探讨一下，什么时候自私是可行的。

《麦琪的礼物》是世界著名短篇小说大师欧·亨利的代表作，其中便讲了一个自私大于无私的故事。

故事是这样的，吉姆和德拉是一对年轻的夫妻，他们虽然生活贫穷，但是彼此深深地相爱。圣诞节快要到了，他们都决定送对方一件圣诞礼物。德拉有一头漂亮的金发，她特别希望有一套属于自己的发梳；而吉姆有一只金表，是祖传的，他非常珍惜，可惜没有表链。眼看圣诞节就要到来了，他们都想给对方一个惊喜。但是苦于手中没钱，最后，德拉把自己的一头金发剪下来卖掉了，用卖掉头发换来的20美元买了一条白金表链，她想吉姆一定会喜欢自己的这份礼物。与此同时，吉姆也在苦恼该给妻子买一份什么样的礼物。他看上了一套发梳，这也是德拉最需要和最喜欢的礼品，但是价钱有点贵。最终他卖掉了自己祖传的金表，买下了这套梳子，他想德拉肯定会喜欢的。

就这样，当他们交换礼物的时候才发现，原来德拉现在已经用

导致集体悲剧的原因

针对别人的决策制定自己的最优策略。

好! 现在我们就去。

我们不能一直沉默，应该团结起来去跟老板要回我们的血汗钱。

好的"纳什均衡"是大家一起反抗。

赶紧去给我乞讨赚钱去!

大家都不反抗，我自己反抗会吃亏，不能反抗。

很多人看别人都不反抗，自己最好的决策便是也不反抗，但这是一种坏的"纳什均衡"。选择了不反抗的"纳什均衡"，结局便是一场集体的悲剧。导致集体悲剧最主要的原因便是自私自利。

现实中他们为了私利出卖了自己的良知，最后他们的下场往往是得不偿失和损人不利己。

不上这套发梳了，同时吉姆也不再需要表链。这个故事的结局深深地打动了人们，尽管两个人的礼物都阴差阳错地失去了作用，但是传递出的那种温情让人心头一暖。这两份圣诞礼物看似达到了最好的效果，但是如果我们从博弈学的角度来分析这个故事的话，就会发现两人的所作所为都是非理性的。

我们假设原本双方之间的感情为（1，1），卖掉自己心爱之物给对方买礼物会令自己对对方的感情升为2，而对方收到礼物之后非常感动，感情会升为3；如果出现这种情况——双方的心爱之物白白卖掉了，换回的礼物没有了用武之地，令人沮丧，双方的感情变为（0，0）。

根据这个故事的情节，我们可以知道吉姆和德拉之间的送礼有以下几种可能：

A. 吉姆不卖表；德拉不卖头发（1，1）

B. 吉姆卖表，买梳子；德拉不卖头发（2，3）

C. 吉姆不卖表；德拉卖头发，买表链（3，2）

D. 吉姆卖表，买梳子；德拉卖头发，买表链（0，0）

从上面的分析来看，吉姆或者德拉如果能"自私"一点，就不会令对方的礼物变成了没用的摆设，反而将会出现更大的收益。我们后面将要讲年轻夫妻春节回谁家过年的问题，我们假设一方先假装回自己家，然后偷着买了去对方家的火车票，到时候给对方一个惊喜，这是一个不错的选择。但是，如果对方也是这样想的，那就弄巧成拙了，就会出现跟《麦琪的礼物》中同样的情形。

《麦琪的礼物》正是通过这个阴差阳错的故事表现了男女主人公之间深深的爱。由此我们可以说，自私什么时候该用，什么时候不该用——在损人利己的时候不该用，在表达爱的时候不要吝啬。

夫妻过春节应该去谁家

通过前面的很多例子，我们已经知道，有的博弈中存在多个"纳什均衡"。比如"囚徒博弈"中，如果罪犯甲选择的是坦白，罪犯乙的最优策略也是选择坦白，那么这个时候两人的策略会形成一个"纳什均衡"；当罪犯甲选择不坦白的时候，罪犯乙的最优策略也是不坦白，这个时候两个人的策略也将会是一种"纳什均衡"。两个"纳什均衡"中，有一种是好的均衡，有一种是坏的均衡。两个罪犯都选择坦白，得到的结果是（8，8），每人坐8年牢；而两个罪犯都不坦白，结果将是（1，1），每人坐1年牢。这两个"纳什均衡"中，相对于罪犯来说，前者是坏的"纳什均衡"，后者是好的"纳什均衡"。现实生活中还存在一种多个"纳什均衡"同时存在，但又没有优势和劣势之分的情况。夫妻春节该回谁家过年？这个问题正是这类博弈的代表。

春节是中国的传统佳节，大年三十晚上一家人团聚在一起，其乐融融。但是近些年，随着独生子女都开始工作和结婚，一个棘手的问题便显现了出来，那就是春节该回谁家过年。每当到了年底，这个问题便会被人提出来热议，甚至有的小夫妻还为此争得头破血流。

刘冬和小台是一对年轻的夫妻，"春节回谁家过年"这个问题也是他们逃不过的一个选择。他们都是独生子女，刘冬家在山东，而小台家在广西。刘冬希望春节能回山东过年，而小台则希望回广西陪父母一起过春节。以前还没有结婚的时候都是各回各家，但是现在已经结婚了再分开两人还都有些不舍。再说，刘冬还想让家里的亲朋好友见一下自己的媳妇，而小台则想，刘冬从来没有去过她家，也应该认认门了。就这样，两人间展开了一场博弈。

为了更清晰地分析这场博弈，我们将其中的一些感情因素量化。

假设，小台陪刘冬回山东过年，小台的满意度为 5，刘冬的满意度为
10；如果刘冬陪小台回广西过年，刘冬的满意度为 5，小台的满意度
为 10；如果两人各回各家，则每人的满意度都为 5，两人分别去对
方家过年的可能性几乎不存在，满意度用 X 表示。这样我们就得到
了这场博弈的矩阵图：

		小台	
		山 东	广 西
刘东	山 东	（10，5）	（5，5）
	广 西	（X，X）	（5，10）

　　从中可以看出，如果刘冬选择回山东过年，小台的最优决策
是跟随他一起回山东过年；而如果小台选择回广西过年，刘冬的
最优决策是随她一起去广西过年。去对方家过年，两人的满意度
之和为 15，而选择分别回自己家过年，满意度之和只为 10。因此
这场博弈中同时出现了两个"纳什均衡"：（10，5）和（5，10），
并且两个"纳什均衡"没有哪个是具有绝对优势，总有一方要作
出一些牺牲。
　　那么这场博弈的最佳结局是什么呢？我们经过分析得出，博
弈的结果取决于谁更坚持自己的想法，和谁甘愿作出牺牲。比如
小台坚持要回家，非常坚决，则最好的结局便是刘冬陪她去广西，
要不然的话就只能是（5，5）的结局。而若是一方甘愿牺牲，主
动选择去对方家过年，放弃回自己家过年，那么这个问题也会迎
刃而解。
　　"纳什均衡"的定义中说，当双方的策略达成一种"纳什均衡"
之后，任何一方改变自己的策略都将会降低收益。在这个例子中，
小台跟刘冬回山东过年是一种"纳什均衡"，如果此时小台突然决定
不去山东了，而是回广西过年，这个时候该怎么办？如果两人分开，

则结局就是（5，5），但是如果刘冬跟随小台回广西的话，结局就会变成（5，10）。因此，如果一方突然反悔了，另外一方最好的选择是也改变自己原先的打算。

以上这些模式提供给我们的只是理论上的启示，如果你非要问是该刘冬陪小台回广西，还是该小台陪刘冬回山东，那就只能具体问题具体分析了。是看丈夫更宽容一点，还是妻子更贤惠一点，每个家庭情况都是不一样的。若是做丈夫的更疼爱妻子一些，便会陪妻子回家过年；若是妻子更体贴丈夫一些，便会陪丈夫回家过年。

这个例子给我们的启示是，现实生活中，很多博弈不止有一个"纳什均衡"，但是这些均衡之间没有绝对的优势、劣势之分，尤其是类似于上面例子中这种与亲人之间利益冲突的时候。在这种博弈

过年回家如何抉择

春节的时候，谁都想回到自己的家和父母一块过年。在结婚前可以回各自的家，可是结婚后，过年回谁家成了很多人无法逃避的选择难题。

方法一：两家父母一块过年或旅行过年。　　解决方法　　方法二：轮流回家，今年去男方家，明年就去女方家。

好啊！

今年回你家，明年回我家过年。

中，我们需要做的就是学会协调，或者可以称之为讨价还价。后面章节会专门讲到博弈论中的讨价还价问题，也就是如何为自己争取更多的利益。再者，如果不能实现最大利益，也要退而求其次，总比什么都得不到要好。

从 1994 年开始，诺贝尔经济学奖屡屡颁给博弈论研究者。之所以能获得如此多的荣誉，归根结底是博弈论在面对复杂的现实问题时，总能把事情变得简单和清晰，并能找出最优解决方案，也就是它对现实问题超强的解释能力。对于普通人，对于日常生活来说，博弈论的主要贡献就在于教会你"策略化"思维。

比如如果你渴望让自己的年薪再增加 5 万元，你该如何向老板表示呢？是当面跟他说，还是发封邮件？似乎这些方法都不稳妥。直接提出来的话，如果老板否决了你，认为你的工作能力没有达到这个工资水准，那就会弄得十分尴尬。如果发邮件又显得不太正式。这个时候你需要用策略化的思维想一下这个问题，找出问题的关键和最好的解决方法。

我们一起来分析一下，想让老板加薪，就得让老板相信他多付出 5 万块钱的薪水肯定能给他带来更多的效益。那怎样才能证明给他看呢？长期的方法就是好好工作，用实力证明自己；短期的方法是你要传达给老板一个信息，有其他公司认可你的能力，他们愿意多出 5 万元薪水邀请你去他们那里工作。当然这个消息不是你传达给他，而是让他从其他渠道获得。这个时候，他就会重新考虑你的价值，考虑是否给你加薪。而且要求加薪的时机选择也很重要，最好选择在一些特殊的日期，比如进公司工作几年整，或者刚刚负责完成一个项目，并且成绩不错的时候。这样老板在考虑是否加薪的时候，就会想某某工作几年了，也该加薪了；或者，某某的工作能力还不错，刚刚结束的这个项目就是个证明。这样会增加加薪的可能性。

如果直接提出加薪，结果可能有两种：

一种是成功，双方皆大欢喜。

一种是不成功，双方都会感到尴尬。

用第二种方法委婉地传达自己可能会跳槽的消息，迫使老板加薪，也可能有两种结果：

一种是成功，双方皆大欢喜。

一种是不成功，双方就当什么事也没发生，一切如旧。

对比来看，第二种方法比较有效，即使没有加薪也不会与老板之间关系搞僵。主动要求加薪，不如让老板主动给你加薪。不过这需要你动一下脑子，运用一下策略。

有效的策略、策略化的思维不能保证你在每次博弈中都取得胜利，但是会增加你取胜的机会，或者让你在逆境中获得转机，即使是在失败中，也会让你将损失降到最低，不至于一败涂地。

生活是一场博弈，每个人也是一场博弈，是一场与命运抗争的博弈。失败、挫折、困难，这都是需要你面对的障碍。你是愿意避开它们，一生碌碌无为，平庸地度过呢，还是战胜它们，做自己命运的主人？贝多芬用他的成功给了我们很好的答案，他曾经说过："扼住命运的喉咙，它不能使我屈服。"

在此，博弈论给我们在生活中的启示有三点——学会选择、学会合作还有学会策略化思维。但是，博弈论给我们的帮助，对我们的影响远不止这三点，后面我们还会讲到很多。总之，学会博弈论，会让你的生活更美好。

如何面对要求加薪的员工

"纳什均衡"适用的博弈类型和模式非常广泛，模式是生活中现象的抽象表达，因此"纳什均衡"会让我们更深刻地理解现实生活中政治、经济、社会等方面的现象。本书中将会多次提到博弈论对企业经营和管理的启示，这里就从"纳什均衡"的角度来分析一下企业员工酬薪方面的问题。

随着企业间的竞争愈发激烈，人才成为了企业间相互争夺的重要资源。在一些劳动密集型产业聚集的地方，甚至连普通工人都是争夺的对象。其实，争取工人最重要的因素便是薪酬水平。我们下面就从博弈论中"纳什均衡"的角度来分析一下这个问题，找出其中的均衡。

假设，在A市有甲、乙两家同行业企业，两家企业的实力相当。同其他企业一样，这两家企业也是以赢利最大化为自己的目标，工人薪酬的支出都属于生产成本。近段时期内，甲企业的领导发现，自己手下的员工开始抱怨薪酬偏低，不但工作的积极性下降，甚至还有人放出话来要跳槽去乙企业，也有人说不去乙企业工作，而是离开A市，去其他地方工作。

这个问题的关键在于薪酬，面对这个问题，企业应该采取什么样的措施呢？这里有两种选择：一是加薪，二是维持现在的薪酬状况不变。

如果甲企业选择加薪，提高员工待遇，这样不但可以将准备跳槽的员工留住，甚至还可以吸引乙企业和外市的更多的人才，提高企业员工的整体素质。公司员工素质高，必然使得创新能力加强，生产能力增加，这样就会创造更多效益，企业也将会有一个更美好的明天。而乙企业可能因为人才流失，从而效益下降，将市场份额拱手让给甲企业。

如果甲企业选择不加薪，而乙企业选择加薪，那么甲企业的员工势必有一部分将流入到乙企业，这样的话，不但自己企业将陷入用人危机，同时还帮助了乙企业提高了员工素质，这样的话，甲、乙两家企业之间原本实力相当的局面就会被打破。

我们假设：提高薪酬之前甲、乙两家企业的利润之比为（10,10）；提高员工薪酬需要增加的成本为2；如果一方提高薪酬，另一方不提高的话，提高一方利润将达到15，不提高一方将下降为5。这样，我们就得到了双方提高薪酬与否导致结果的矩阵表示：

加薪问题的博弈处方

薪酬太低，员工可能会跳槽到其他企业；薪酬太高，企业利润便会下降。

个人成本
时间、技能
知识、精力

企业收益
员工的工作贡献和岗位价值

个人收益
工资福利
社会地位
能力成长
人际关系

企业成本
工资福利
培训管理

我想加薪

多尔衮

我对加薪没兴趣，我在研究多尔衮呢！

解决加薪博弈

三个方法

转变旧观念，不再把工人当作是企业的成本，而是一种投资，是企业未来发展的根本，要用长远发展的眼光来看待这个问题，做到可持续发展。

同行照样可以合作，可以与同一地区的同行企业合作，联合去外地招聘人才，不再相互挖墙脚。这个要求有点高，因为现在员工薪酬水平是同行企业间的商业秘密，很多员工都只知道自己的薪酬，不知道同事的薪酬，更不用说其他企业的薪酬水平了。

制定灵活的薪酬机制和合理的奖励机制，做到多劳多得，少劳少得，没有人搭便车，占别人便宜；也没有人被别人抢走劳动果实，积极调动员工的工作积极性。

企业管理者掌握博弈论和"纳什均衡"，对于制订企业发展计划，作出决策都有很大的帮助。博弈论不能直接带给你财富，但是掌握了博弈论之后，你作出的决策会给你带来财富。

		甲企业	
		提高薪酬	不提高薪酬
乙企业	提高薪酬	（8，8）	（15，5）
	不提高薪酬	（5，15）	（10，10）

从这张图表中我们很容易看出，其中有两个"纳什均衡"，同时提高薪酬和维持原状，不提高薪酬。站在企业的角度上来看这个问题，（10，10）是一种优势均衡，而（8，8）是一种劣势均衡。如果站在员工角度来看的话，正好相反（8，8）是一种优势均衡，（10，10）是一种劣势均衡。

从这张表上，我们可以看出两个企业薪酬博弈的过程，最开始提高薪酬之前是（10，10），但是一方因为员工怨声太大，扬言要跳槽，不得不决定提高薪酬。这个时候，另一家企业为了避免（5，15）局面的出现，也决定提高工资薪酬，最后双方博弈的结局定格在（8，8）这个"纳什均衡"点上。

如果从企业利润最大化的目的出发，两家企业应该协商同时维持原有薪酬水平，这样才不会增加企业在薪酬方面的成本支出，同时也会遏制员工的跳槽，因为他们得知对方企业的薪酬也不会涨的话，便不会再跳槽。这样虽然符合企业的利润最大化要求，但是是一种损人利己和目光短浅的表现。损人利己是指为了自己的利益损害员工的利益；目光短浅只会取得短期效益，而工人会因此而消极工作，或者不在两家企业之间选择，辞职去其他城市工作，导致两家企业的员工人数同时向外输出，最终将会显现出其中的弊端，长远来看不是一种优势选择。

这种企业利益和员工薪酬之间的矛盾普遍存在，单纯靠提高或者维持薪酬的手段是不能解决这个问题的，最根本的是转变观念，从根本上消除这种矛盾。

解放博弈论

我们一直在说纳什在博弈论发展中所起到的重要作用，但是感性的描述是没有力量的，下面我们将从博弈论的研究和应用范围具体谈一下纳什的贡献，看一下"纳什均衡"到底在博弈论中占有什么地位。

前面我们已经介绍过了，博弈论是由美籍匈牙利数学家冯·诺依曼创立的。创立之初博弈论的研究和应用范围非常狭窄，仅仅是一个理论。1944 年，随着《博弈论与经济行为》的发表，博弈论开始被应用到经济学领域，现代博弈论的系统理论开始逐步形成。

直到 1950 年，纳什创立"纳什均衡"以前，博弈论的研究范围仅限于二人零和博弈。我们前面介绍过博弈论的分类，按照博弈参与人数的多少，可以分为两人博弈和多人博弈；按照博弈的结果可以分为正和博弈、零和博弈和负和博弈；按照博弈双方或者多方之间是否存在一个对各方都有约束力的协议，可以分为合作博弈和非合作博弈。

在纳什之前博弈论的研究范围仅限于二人零和博弈，也就是参与者只有两方，并且两人之间有胜有负，总获利为零的那种博弈。例如，两个人打羽毛球，参与者只有两人，而且必须有胜负，胜者赢得分数恰好是另一方输的分数。

二人零和博弈是游戏和赌博中最常见的模式，博弈论最早便是研究赌博和游戏的理论。生活中的二人零和博弈没有游戏和体育比赛那么简单，虽然是一输一赢，但是这个输赢的范围还是可以计算和控制的。冯·诺依曼通过线性运算计算出每一方可以获取利益的最大值和最小值，也就是博弈中损失和赢利的范围。计算出的利益最大值便是博弈中我们最希望看到的结果，而最小值便是我们最不愿意看到的结果。这比较符合一些人做事的思想，那就是"抱最好的希望，做最坏的打算"。

二人零和博弈的研究虽然在当时非常先进和前卫，但是作为一个理论来说，它的覆盖面太小。这种博弈模式的局限性显而易见，它只能研究有两人参与的博弈，而现实中的博弈常常是多方参与，并且现实情况错综复杂，博弈的结局不止有一方获利另一方损失这一种，也会出现双方都赢利，或者双方都没有占到便宜的情况。这些情况都不在冯·诺依曼当时的研究范围内。

这一切随着"纳什均衡"的提出全被打破了。1950 年，纳什写出了论文《N 人博弈中的均衡点》，其中便提到了"纳什均衡"的概念以及解法。当时，纳什带着自己的观点去见博弈论的创始人冯·诺依曼却遭到了冷遇，之前他还遭受过爱因斯坦的冷遇。但是这并不能影响"纳什均衡"带给人们的轰动。

从纳什的论文题目《N 人博弈中的均衡点》中可以看出，纳什主要研究的是多人参与、非零和的博弈问题。这些问题在他之前没人进行研究，或者说没人能找到对于各方来说都合适的均衡点。就像找出两条线的交汇点很容易，如果有的话，但是找出几条线的共同交汇点则非常困难。找到多方之间的均衡点是这个问题的关键，找不到这个均衡点，这个问题的研究便会变得没有意义，更谈不上对实践活动有什么指导作用。而纳什的伟大之处便是提出了解决这个难题的办法，这把钥匙便是"纳什均衡"，它将博弈论的研究范围从"小胡同"里引到了广阔天地中，为占博弈情况大多数的多人非零和博弈找到意义。

纳什的论文《N 人博弈中的均衡点》就像惊雷一样震撼了人们，他将一种看似不可能的事情变成了现实，那就是证明了非合作多人博弈中也有均衡，并给出了这种均衡的解法。"纳什均衡"的提出，彻底改变了人们以往对竞争、市场，以及博弈论的看法，它让人们明白了市场竞争中的均衡同博弈均衡的关系。

"纳什均衡"的提出奠定了非合作博弈论发展的基础，此后博弈论的发展主要便是沿着这条线进行。此后很长一段时间内，博弈论领域的主要成就都是对"纳什均衡"的解读或者延伸。甚至有人开玩笑说，如果每个人引用"纳什均衡"一次需要付给纳什一美元的话，他早就成为最富有的人了。

不仅是在非合作博弈领域，在合作博弈领域纳什也有突出的贡献。合作型博弈是冯·诺依曼在《博弈论与经济模型》一书中建立起来的，非合作型博弈的关键是如何争取最大利益，而合作型博弈的关键是如何分配利益，其中分配利益过程中的相互协商是非常重要的，也就是双方之间你来我往的"讨价还价"。但是冯·诺依曼并没有给出这种"讨价还价"的解法，或者说没有找到这个问题的解法。纳什对这个问题进行了研究，并提出了"讨价还价"问题的解法，他还进一步扩大范围，将合作型博弈看作是某种意义上的非合作型博弈，因为利益分配中的讨价还价问题归根结底还是为自己争取最大利益。

除此之外，纳什还研究博弈论的行为实验，他就曾经提出，简单的"囚徒困境"是一个单步策略，若是让参与者反复进行实验，就会变成一个多步策略。单步策略中，囚徒双方不会串供，但是在多步策略模式中，就有可能发生串供。这种预见性后来得到了验证，重复博弈模型在政治和经济上都发挥了重要作用。

纳什在博弈论上作出的贡献对现实的影响得到越来越多的体现。20世纪90年代，美国政府和新西兰政府几乎在同一时间各自举行了一场拍卖会。美国政府请经济学家和博弈论专家对这场拍卖会进行了分析和设计，参照因素就是让政府获得更多的利益，同时让商家获得最大的利用率和效益，在政府和商家之间找到一个平衡点。最终的结局是皆大欢喜，拍卖会十分成功，政府获得巨额收益，同时各商家也各取所需。而新西兰举行的那场拍卖会却是非常惨淡，关键原因是在机制设计上出现了问题，最终大家都去追捧热门商品，导致最后拍出的价格远远高于其本身的价值；而一些商品则无人问津，甚至有的商品只有一个人参与竞拍，以非常低的成交价就拍走了。

正是因为对现实影响的日益体现，所以1994年的诺贝尔经济学奖被授予了包括纳什在内的三位博弈论专家。

我们最后总结一下纳什在博弈论中的地位，中国有句话叫"天不生仲尼，万古长如夜"。意思是老天不把孔子派到人间，人们就像永远生活在黑夜里一样。我们如果这样说纳什同博弈论的关系的话，就会显得夸张。但是纳什对博弈论的开拓性发展是任何人都无可比拟的，在他之前的博弈论就像是一条逼仄的胡同，而纳什则推倒了胡同两边的墙，把人们的视野拓展到无边的天际。

第三章
囚徒博弈

陷入两难的囚徒

"囚徒困境"模式在本书的一开始就提到过，我们再来简单复述一下。杰克和亚当被怀疑入室盗窃和谋杀，被警方拘留。两人都不承认自己杀人，只承认顺手偷了点东西。警察将两人隔离审讯，每人给出了两种选择:坦白和不坦白。这样,每人两种选择便会导致四种结果,如表所示:

表中的数字代表坐牢的年数，从表中可以看出同时选择不坦白对于两人来说是最优策略，同时选择坦白对两人来说是最差策略。

		杰克	
		坦白	不坦白
亚当	坦白	（8，8）	（0，10）
	不坦白	（10，0）	（1，1）

但结果却恰恰是两人都选择了坦白。原因是每个人都不知道对方会不会供出自己，于是供出对方对自己来说便成了一种最优策略。此时两人都选择供出对方，结果便是每人坐 8 年牢。

这便是著名的"囚徒博弈"模式,它是数学家图克在1950年提出的。这个模式中的故事简单而且有意思，很快便被人们研究和传播。这个简单的故事给我们的启示也被广为发掘。杰克和亚当每个人都选择了对自己最有利的策略，为什么最后得到的却是最差的结果呢？太过聪明有时候并不是一件好事情。以己度人，"己所不欲，勿施于人"。我们要学会从对方的立场来分析问题。为什么"人多力量大"这句话常常失效，对手之间也可以合作，等等，这些都是"囚徒困境"带给我们的启示，也是我们在这一章中要讨论的问题。

其实，我们在现实生活中经常与"囚徒困境"打交道，有时候是自己陷入了这种困境，有时候是想让对方陷入这种困境。

这些人不懂博弈论，但是他们都会不自觉地应用。

　　我们在前面讲过"纳什均衡"曾经推翻了亚当·斯密的一个理论，那便是：每个人追求自己利益最大化的时候，同时为社会带来最大的公共利益。"囚徒困境"便是一个很好的例子，其中的杰克和亚当每个人都为自己选择了最优策略，但是就两人最后的结局来看，他们两个人的最优策略相加，得到的却是一个最差的结果。如果两人都选择不坦白，则每人各判刑 1 年，两人加起来共两年。但是两人都选择坦白之后，每人各判刑 8 年，加起来共 16 年。

　　集体中每个人的选择都是理性的，但是得到的却可能不是理性的结果。这种"集体悲剧"也是"囚徒困境"反映出来的一个重要问题。

❀ 每个人的最优策略不一定构成集体的最优策略

为什么每个人都选择对自己而言最优策略，但整体的利益不是最大的？

　　1971 年美国社会上掀起了一股禁烟运动，当时的国会迫于压力通过了一项法案，禁止烟草公司在电视上投放烟草类的广告。但是这一决定并没有给烟草业造成多大的影响，各大烟草企业表现得也相当平静，一点也没有以前财大气粗、颐指气使的架子。这让人们感到不解，因为在美国有钱有势的大企业向来是不惧怕国会法案的，利益才是他们行动的唯一目标。按照常人的想法，这些企业运用自己的经济手腕和庞大的人脉资源去阻止这项法案通过才是正常的，但结果却正好相反，他们似乎很欢迎这项法案的推出。究其原因，原来这项法案将深陷"囚徒博弈"中多年的这些烟草企业解放了出来。根据后来的统计，禁止在电视上投放广告之后，各大烟草企业的利润不降反升。

　　我们来看一下当时烟草行业的背景，20 世纪 60 年代，美国烟草行业的竞争异常激烈，各大烟草企业绞尽脑汁为自己做宣传，这其中就包括在电视上投放大量广告。当时，对于每个烟草企业来说，广告费都是一笔巨额的开支，这些巨额的广告费会大大降低公司的利润。但是如果你不去做广告，而其他企业都在做广告，那么你的市场就会被其他企业侵占，利润将会受到更大的影响。这其中便隐含着一个"囚徒困境"：如果一家烟草企业放弃做广告，而其他企业继续做广告，那么放弃投放广告的企业利润将受损，所以只要有另外一家烟草公司在投放广告，那么投放广告就是这家企业的优势策略。每个企业都这样想，导致的结果便是每个企业都在大肆投放广告，即使广告费用非常高昂。这时候，我们假设每一家企业都放弃做广告将会出现什么样的结局呢？

　　如果每一家烟草企业都放弃做广告，则都省下了一笔巨额的广告费，这样利润便会大增。同时，都不做广告也就不会担心自己的市场被其他企业用宣传手段侵占。由此看来，大家都不做广告是这场博弈最好的结局。但是每个企业都有扩张市场的野心，要想使得他们之间达成一个停止投放广告的协议，简直是比登天还难。再说，商场如战场，兵不厌诈，即使你遵守了协议，也不能保证其他企业会遵守协议。

经济博弈是社会发展的必然产物

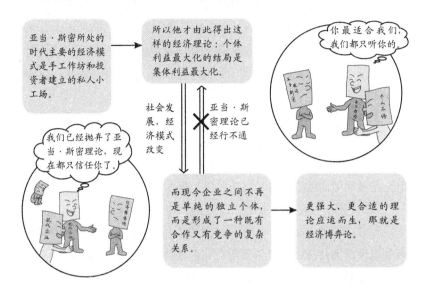

这个时候美国国会的介入是受烟草企业欢迎的，因为烟草企业一直想做而做不成的事情被政府用法律手段解决了。国会通过了禁止在电视上投放广告的法案，这为各大烟草企业节省了一大笔广告开支。同时因为法律具有强制效力，所以不必担心同行企业违规，因为有政府行使监督和惩罚。原先签订不了的协议被法律做到了，同时监督和惩罚的成本由政府承担，各大烟草企业都在暗中偷着乐。

有人会想：广告是一种开拓市场的手段，被禁止做广告对烟草公司来说难道不是一种损失吗？我们注意，美国国会通过的法案只是禁止在电视上做广告，并没有禁止其他载体的广告，同时不会限制在美国以外的国家做电视广告。香烟的市场主要靠的还是客户群，很多人几十年只抽一种或者几种品牌的香烟。广告的作用并不像在服装、化妆品身上那么有效。

这是一个走出"囚徒困境"的实例，但是深陷其中的烟草企业不是自己走出困境的，而是被政府解救出来的，这其中带有一些滑稽的成分。

亚当·斯密曾经认为个体利益最大化的结局是集体利益最大化，在这里，这个认识再次被推翻。每个烟草企业为了自己的利益最大化，不得不去投放大量广告，其他企业同样如此，但是导致的结局是每个企业都要承担巨额的成本开支，利润不升反降，并没有得到最大的集体化效益。

那么亚当·斯密真的错了吗？西方经济学之父为什么会犯这种基本错误呢？人们在看待这个问题的时候往往会将当时的背景忽略。

亚当·斯密关于个体利益和集体利益之间关系的结论没有错，只不过是过时了而已。因为时代在发展，资本主义的经济模式在变化。

"囚徒困境"是证明亚当·斯密的理论过时最好的证据。同时作为一种经济模型也揭示了个体利益同集体利益之间的矛盾：个体利益若是追求最大化往往不能得到最大化的集体利益，甚至有时候会得到最差的结局，比如囚徒博弈中两个罪犯的结局。

我们从中得到了这样的启示：一、人际交往的博弈中，单纯的利己主义者并不是总会成功，有时候也会失败，并且重复博弈次数越多，失败的可能性就越大。二、当今的社会环境下，遵循规则和合作比单纯的利己主义更能获得成功。

己所不欲，勿施于人

"囚徒困境"中的杰克和亚当在思考是否坦白的时候，都假设对方会出卖自己，那样自己就将陷入被动，因此抢在对方出卖自己之前先出卖对方。这样即使对方也出卖自己，大不了两人同时坐牢，谁也占不到谁的便宜。正是出于这种心理，两人最终共同坦白，每人被判刑 8 年。我们知道"囚徒困境"中最好的结局是两人同时不坦白，每人只需要坐 1 年牢，但是由于他们之间互相不信任，加上都想自保，便选择了出卖对方。每个人都不想被别人出卖，但是他们却抢着出卖别人，这是一种悖论。也就是我们所说的"己所不欲，勿施于人"。

如果两个犯人明白"己所不欲，勿施于人"的道理，他们则会想，我自己不想被出卖，同时别人肯定也不想被出卖。如果两个人都选择不出卖对方，便会得到每人坐 1 年牢的最优结局。

同样，我们上面说过在烟草公司之间做广告的博弈中，谁都不想承担巨额的广告费用开支，但是总担心停止投放广告之后自己的市场份额被侵占，或者总想着侵占别人的市场份额，这便是他们之间不能达成一个停止投放广告协议的原因。但是想让他们明白"己所不欲，勿施于人"是不可能的，有机可乘，扩大市场，这对于商家来说是最理智的选择。商场如战场，每个人都在为自己着想。

"己所不欲，勿施于人"是 2500 年前出自孔子口中的一句话，没想到与"囚徒困境"经典博弈模式给我们的启示暗合。这句话的意思是告诫我们要将心比心，推己及人。在做事情之前，要先想一下自己能不能接受，如果别人这样对待自己，自己会有什么样的感受。如果自己接受不了别人这样对待自己，那么就不要这样去对待别人。

历史上有很多关于推己及人、将心比心的先贤和故事的记载，"大禹治水"便是其中的典型。当年大禹接受了治水的任务，每当听说又有人因为发水灾而淹死或者流离失所，他心里都感到非常悲伤，仿佛被淹死的就是自己的亲人。他毅然告别了新婚不久的妻子，带领 27 万人疏通洪水，期间三次路过家门而不入。经过 13 年的努力，他们疏通了 9 条大江，终于将洪水全部导入了大海，拯救百姓的同时，也使自己千古留名。

战国时期有个叫白圭的人跟孟子谈起了"大禹治水"，他自傲地说："我看大禹治水不过如此，如果让我来治理的话，用不了 27 万人，也用不了 13 年。"孟子问他有什么高明的办法，白圭说："大禹治水是将所有洪水全部导入大海里，所以特别麻烦。如果让我去治水，我只需要将这些洪水疏导到邻国去就行了。"孟子听完后引用孔子的话对他说："'己所不欲，勿施于人。'没有人喜欢洪水，就算是你将洪水导入到邻国，他们也会再疏导回来，来来回回更劳民伤财，这不是有德人的作为。"

大禹治水看似笨拙，却是做到了"己所不欲，勿施于人"。白圭所谈的治水方略急功近利，不顾及别人的感受，这种行为和想法是不可取的。那么人们为什么要顾及别人的感受呢？仅仅是出于友善和同情心吗？这只是其中一个方面，还有一个重要的原因：付出会有回报。

这其中还有一个道理，那就是如果自己希望能在社会上站得住，站得稳，就需要别人来帮助；要想得到别人的帮助，就需要去帮助他人。这也是走出"囚徒困境"的途径之一：互相合作。这一点我们会在后面讲到。

"己所不欲，勿施于人"是"囚徒困境"带给我们的一个启示，但是这个启示并不适用于任何情况。原因是，并不是所有"囚徒困境"都是有害的，有时候我们甚至需要将敌人置于"囚徒困境"之中，例如利用"囚徒困境"使罪犯招供，利用"囚徒困境"反垄断等，这也是我们下面几节要讲到的问题。

将对手拖入困境

"囚徒困境"是一把双刃剑，如果陷入其中可能会非常被动。同样，我们如果能将对手陷入其中，便会让对手被动，我们掌握主动。在"囚徒困境"这个博弈模式中，这一点就得到了很好的体现，其中的警察设下了一个"困境"，将两名囚犯置身于其中，完全掌握了主动，最终得到了自己想要的结果，使两名罪犯全部招供。

"囚徒困境"毕竟只是一种博弈模型，博弈模型是现实生活的抽象和简化，模型能反映出一些现实问题，但现实问题要远比模型复杂。模型中每一个人有几种选择，每一种选择会有什么后果，这些我们都可以得知。但在现实中，这几乎是不可能的，因为现实中影响最后结果的干扰因素太多了。正因为现实中干扰因素太多，为人们创造了一种条件，可以设计出困住对手的"囚徒困境"，让对手陷入被动。

这种策略运用的故事从历史中可以找到，《战国策》中记载了一个关于伍子胥的故事，故事中伍子胥运用的恰好就是这一策略。

年轻时的伍子胥性格刚强，文武双全，已经显露出了后来成为军事家的天赋。伍子胥的祖父、父亲和兄长都是楚国的忠臣，但是不幸遭到陷害，被卷入到太子叛乱一案中。最终伍子胥的父亲伍奢和兄长伍尚被处死，伍子胥只身一人逃往吴国。

怎奈逃亡途中伍子胥被镇守边境的斥候捉住，斥候准备带他回去见楚王，邀功请赏。危急关头，伍子胥对斥候说："且慢，你可知道

让对手陷入困境的策略

"囚徒困境"是非零和博弈中具代表性的例子，反映个人最佳选择并非团体最佳选择。我们如果能将对手陷入其中，便会掌握主动权，操纵对手，从而抢占先机。

楚王为什么要抓我？"斥候说："因为你家辅佐太子叛乱，罪该当诛。"
伍子胥哈哈大笑了几声，说道："看来你也是只知其一，不知其二，
实话告诉你吧，楚王杀我全家是因为我们家有一颗祖传的宝珠，楚王
要我们献给他，但是这颗宝珠早已丢失，楚王认为我们不想献上，便
杀了我的父亲与兄长。他现在认为这颗宝珠在我手上，便派人捉拿我。
我哪里有什么宝珠献给他？如果你把我押回去，献给楚王，我就说我
的宝珠被你抢走了，你还将宝珠吞到了肚子里。这样的话，楚王为了
拿到宝珠，会将你的肚子割破，然后将肠子一寸一寸地割断，即使找
不到宝珠，我死之前也要拉你做垫背的。"

还没等伍子胥说完，斥候已经被吓得大汗淋漓，谁都不想被别人
割破肚皮，把肠子一寸寸割断。于是，他赶紧将伍子胥放了。伍子胥
趁机逃出了楚国。

在这个故事中，一开始伍子胥处于被动，但是他非常机智，编造
了一个谎言，使出了一个策略将斥候置于一个困境中。这样，他化劣
势为优势，化被动为主动，很快扭转了局面。我们来看一下伍子胥使
出这个策略之后，双方将要面临的局面。下面是这场博弈中双方选择
和结局的矩阵图：

		伍子胥	
		污蔑	不污蔑
斥候	押送	（死，死）	（活，死）
	释放	（死，活）	（活，活）

从这张图中我们可以很清楚地看出，斥候被伍子胥拖入了一个困
境。这只是斥候眼中的情况分析，因为现实中根本不存在宝珠这一说，
这都是伍子胥编造出来的。伍子胥有言在先，如果他被押送回去，将
会污蔑斥候抢了他的宝珠。斥候会想，到时候自己百口难辩，只有死

路一条。要想活命，只有将伍子胥释放，这正中伍子胥下怀。

当人们面对危险的时候，大都抱着"宁可信其有，不可信其无"的态度。谁都不想让自己陷入麻烦，陷入困境。伍子胥正是抓住人的这一心理才敢大胆地编造谎言来骗斥候，使自己摆脱困境。

上面这个故事中采用的策略是将别人拖下水，下面这个故事则是单纯地设计一种困境，让对方自己犯错误，从而达到自己想要的目的。

唐朝时期，有一位官员接到报案，是当地一个庙中的和尚们控告庙中的主事僧贪污了一块金子，这块金子是一位施主赠与寺庙用于修缮庙宇用的。这些和尚们振振有词，说这块金子在历任主事僧交接的时候都记在账上，但是现在却不见了，他们怀疑是现在的主事僧占为己有，要求官府彻查。后来经过审讯，这位主事僧承认了自己将金子占为己有，但是当问到这块金子的下落时，他却支支吾吾说不出来。

这位官员在审案过程中发现这位主事僧为人和善宽厚，怎么看都不像一个作奸犯科的人。这天夜里，他到大牢中去看望这位僧人，只见他在面壁念佛。他问起这件事情的时候，这位僧人说："这块金子我从未谋面，寺里面的僧人想把我排挤走，所以编造了一本假账来冤枉我，他们串通一气，我百口莫辩，只得认罪。"听完之后，这位官员说："这件事让我来处理，如果真的如你所说，你是被冤枉的，我一定还你一个清白。"

第二天，这位官员将这个寺庙中历任主事僧都召集到衙门中，然后告诉他们："既然你们都曾经见过这块金子，那么你们肯定知道它的形状，现在我每人发给你们一块黄泥，你们将金子的形状捏出来。"说完之后，这些主事僧被分别带进了不同的房间。事情的结果可想而知，原本就凭空编造出来的一块金子，谁知道它的形状？最后，当历任主事僧们拿着不同形状的黄泥出来的时候，这件案子立刻真相大白。

这个故事中的官员采用的策略是，有意地制造信息不平等，使得原本主事僧们之间的合作关系不存在，每个人都不知道别人是怎么想的。

如何争取到最低价格

现阶段的博弈论虽然被广泛应用，但主要还是体现在经济领域。当面对多个对手的时候，"囚徒困境"便是一个非常好的策略。"囚徒困境"会将对手置于一场博弈中，而你则可以坐收渔翁之利。本节主要通过一个"同几家供货商博弈争取最低进价"的案例，来说明一下"囚徒困境"在商战中的应用。

假设你是一家手机生产企业的负责人，产品所需要的大部分零配件需要购买，而不是自己生产。现在某一种零件主要由两家供货商供货，企业每周需要从他们那里各购进 1 万个零件，进价同为 10 元每个。这些零件的生产成本极低，在这个例子中我们将它们忽略不计。同时，你的企业是这两位供货商的主要客户，它们所产的零部件大部分供给你公司使用。

这样算来，两个供货商每人每周从你身上得到 10 万元的利润（我们假设生产这些零件的成本为 0）。你觉得这种零件的进价过高，希望对方能够降价。这时采用什么手段呢？谈判？因为你们之间的供需是平衡的，所以谈判基本上不会起效，没人愿意主动让利。这个时候你可以设计一种"囚徒困境"，让对方（两家企业）陷入其中，相互博弈，来一场价格战，最终就可能得到你想要的结果。

"囚徒困境"中要有一定的赏罚，就像在两个犯人的故事中，为了鼓励他们坦白，会允诺若是一方坦白，对方没有坦白，就将当庭释放坦白一方。正是因为有赏罚，才会令双方博弈。在这里，也要设计一种赏罚机制，使得两位供货方开始厮杀。

每家企业每周从你身上获利 10 万元，你的奖励机制是如果哪家企业选择降价，便将所有订单都给这一家企业，使得这一家企业每周的利润高于先前的 10 万元。这样两家企业便会展开一场博弈。我们假设，你的企业经过预算之后，给出了每个零件 7 元的价格，如果一方选择降价，便将所有订单给降价一方，他每周的利润则会达到 14 万元，高于之前的 10 万元，但是不降价的一方利润将为 0，若是双方同时降价，两家的周利润则将都变为 7 万元。下面便是这场博弈情形的一张矩阵图：

		甲供货商	
		降 价	不降价
乙供货商	降 价	（7，7）	（14，0）
	不降价	（0，14）	（10，10）

从这张表中我们可以看出，如果选择降价，周利润可能会降到 7 万元，如果运气好的话还有可能升至 14 万元；但是如果选择不降价，周利润可能维持在原有的 10 万元水平上，也有可能利润为 0。没有人能保证对方不降价，即使双方达成了协议，也不能保证对方不会暗地里降价。因为商家之间达成的价格协议是违反反托拉斯法，不受法律保护的；再者，商人逐利，每一个人都想得到 14 万元的周利润。这也是"囚徒困境"中设立奖励机制的原因所在。经过分析来看，如果对方选择不降价，你就应该选择降价；如果对方选择降价，你更应该选择降价。对于每一家企业来说，选择降价都是一种优势策略。两家企业都选择这一策略的结果便是（7，7），每家企业的周利润降至 7 万元，你的采购成本一下子降低了 30%。

在"囚徒困境"的模式中，每一位罪犯只有一次选择的机会，这也叫一次性博弈；但是在这里，采购企业和供货商之间并非一次性博弈，不可能只打一次交道，这种多次博弈被称为重复性博弈。重复性博弈是我们在后面要讲的一个类型的博弈，在这里我们可以稍作了解。重复性博弈的特点便是博弈参与者在博弈后期做出策略调整。就本案

"囚徒困境" 在经济领域的作用

他这是又搞什么花样呢?

无论是商家自己订单减少还是对方订单增加,或者是市场上出现价格下降,商家都会怀疑是对方采取的措施,所以他们的第一反应是跟着降价。

作为供货商,如何防止竞争对手私自降价,抢走自己的客户和市场份额呢?

同所有采购商签订一个最惠客户协议,保证统一定价和折扣。如果每个供应商都签订此协议,那么:

在订单之前我们先签一下这个协议吧

最惠客户协议

这种协议表面上是对客户负责,其实更是一种有效监督对手恶性降价的手段。

可以更容易地有效监督对方。

任何一家供应商降价与否都会被放大关注。

不会出现为了抢别人客户私自降价,因为一旦降价就必须针对所有采购商降价,一旦被发现私自降价就会被惩罚。

例来说,两家供货商第一次博弈的结局是(7,7),也就是每一家的周利润从 10 万元变为了 7 万元。如果时间一长,两家企业便可能会不满,他们重新审视降价与不降价可能产生的 4 种结果以后,肯定会要求涨价,以重新达到(10,10)的水平。因为每月供货数量没变,利润被凭空减少了 30%,哪个企业都不会甘心接受。

如果这场博弈会无限重复下去的话,(7,7)将不会是这场博弈的结局,因为这样两家企业都不满意,(14,0)和(0,14)也基本不可能出现。如果两位供货商都是理性人的话,最终结局还将会定格在(10,10)上。好比"囚徒困境"中,如果警方给两个罪犯无数个选择的机会，最终他们肯定会选择同时坦白，如果出现每人各坐 1 年牢的结局，这样"囚徒困境"将会失效。

上面分析的模型是现实情况的一个抽象表达，只能说明基本道理，但是实际情况远比这里要复杂得多。就本案例来说，如果这场博弈会无限重复下去的话，重复博弈中如果有时间限制，将无限重复变为有限重复，则"囚徒困境"依然有效。因为过期不候，假设采购方对两家供货方发出最后通告，若是一定时间内双方都不选择降价，公司将赴外地采购，不再采购这两家企业的零件。这个时候，"囚徒困境"将重新发挥效益，两家企业最终依然会选择降价。

声称不再采购两家企业的产品略微有点偏激，因为企业作决策要留出一定的弹性空间，也就是给自己留条后路，不能把话说绝，把路堵死。这样的话，除了定下最后期限这一招之外还有一招：在第一次博弈结束，得到了（7,7）的结局之后，迅速与双方签订长期供货协议，不给他们重新选择的机会。

此外，还可以用"囚徒困境"之外的其他方法来处理这个问题，虽然手段不一样，但是基本思路是一样的，就是让两家供货商相互博弈，然后"坐山观虎斗"，坐收渔人之利。

如果两家企业都选择不降价，坚持每个零件 10 元的价格，那么采购商可以选择将全部的订单都交到其中一家企业手中。这样一来，没有接到订单的一家企业心里就会怀疑，是不是对方暗地里降价了？就算是接到全部订单的企业再怎么解释，也不会打消同行的疑惑。这个时候，两家供货商之间便展开了博弈。没有接到订货单的一方无论对手降价与否，现在唯一的选择便是降价，因为降价或许会争取来一部分订单，不降价则什么也得不到。一旦一方降价，另一方的最优策略也是随之降价，不然市场份额就会被侵占。最终双方都选择降价，采购企业依然会得到自己想要的结果。

自然界中的博弈

如果你认为只有人类懂得博弈，那你就错了，近些年动物学家已经开始用"囚徒困境"的模式来分析动物们的一些行为。

美国生物学家曾经长时间观察一种吸血蝙蝠，这种蝙蝠生活在加勒比海地区沿岸的山洞中，它们是群居动物，通常 10 只左右聚集在一起。虽然是群居，但是它们单独猎食。这种蝙蝠靠吸取其他动物的血液为生。尽管它们每天都出去觅食，但并不是每一次都有收获，有的蝙蝠经常觅食无果，吃不上东西。这种蝙蝠的生命力非常弱，3 天不吃东西就会饿死。但是，生物学家在长期观察中没有发现有蝙蝠饿死的情况。最后才得知，如果一个群体中有的蝙蝠连续寻找不到食物，其他运气好找到食物的蝙蝠就会将体内刚刚吸到的血液反刍出来，喂

转败为胜的博弈

乙想要置甲于死地，甲没有防备就被踹下沼泽地。此时甲好像是凶多吉少了，甲处于劣势情形。

甲临危不惧，关键时刻抓住敌人乙的腿死死不放。这样若是不采取措施，乙会同甲一起死。因为，乙并不想死，所以乙必须救出甲。甲转败为胜。

你陷入沼泽的时候紧紧抱住敌人的大腿，迫使他与你采取合作，帮助你成功逃脱困境，上面是一个很典型的将自己的困境转化为对方的困境，将自己的劣势转化为优势，将自己的被动转化为主动的故事。

给那些没有找到食物的蝙蝠吃。这是一种互惠互利的关系，今天你救了它一命，明天救你一命的可能就是对方。

在这里，假设找到食物的蝙蝠获得的利益为10，若是将其中一部分分给没有找到食物的蝙蝠，双方各得利益为5。这样的话，是否选择救对方将出现两种情况：

第一种情况，选择救，则结果为（5，5），双方都将活下来。

第二种情况，选择不救，则结果为（10,0），没有食物吃的一方饿死。

两种选择中，第一种虽然看似吃亏，但是是一种可持续的；而第二种选择看似没有付出，占了便宜，其实是断了自己的后路。等哪天自己也连续找不到食物的时候，就只能活活饿死。因为可以救自己的同伴已经被自己给饿死了。

如果选择第二种策略，那么这些蝙蝠将陷入一种"囚徒困境"。看似每个人的利益为10，其实得到的是最差的结果，因为饿死了同伙便失去了自己以后的一个生存保障。前面大量关于人类的博弈中，大多数人都是深陷其中，被困境束缚，而这个案例中的蝙蝠却成功地避免了"囚徒困境"，使用的手段便是合作和互惠互利。

在第一章中我们讲过，博弈论的前提是理性人，即每个人选择策略的出发点是为自己争取最大的利益。这种理性也可以理解为自私，这样说的话，上面蝙蝠互助的过程中有没有自私的体现呢？动物学家通过观察发现，这些蝙蝠并不是谁都救，它们只会去救自己的亲人和曾经救助过自己的蝙蝠。再就是整天在一起非常熟悉的伙伴。由此看来，蝙蝠还是一种知恩图报的动物。

这些蝙蝠能记住曾经帮助过自己的蝙蝠的气味，对于恩人，蝙蝠会更及时地送上救济。通常它们救济对方都是在对方连续几天没有找到食物，眼看要饿死的时候。它们对于救助时机把握得非常准，这也令人感到惊讶。

动物间自私与无私的博弈对我们现实生活也有启示，好人之间是互惠互利的，坏人之间是相互算计的，好人遇到坏人自己的优势便会变成劣势，只有好人遇到好人才会体现出自己的优势。

这种关系还体现在公司文化中。我们假设有两家公司，一家公司的员工之间感情非常淡漠，另一家公司员工之间非常热心。近朱者赤近墨者黑。如果一个刚刚毕业的大学生进入的是第一家公司，那么他基本上也会变得淡漠；但是如果他进入的是第二家公司，良好的氛围会将他变得非常热情。环境会影响到一个人，也会影响到工作效率，我们应该相信，良好的办公室环境、融洽的同事关系将更有利于提高企业的效益。

但是，事实证明，融洽的办公室氛围不如冷漠的办公室氛围稳定。如果都是好人的团队中进入了几个坏人，而这几个坏人并没有被好人同化，根据"囚徒困境"的原理，用不了多久，几个坏人就能将好人之间的关系瓦解，使大家都变坏；但是坏人之间的关系虽然淡漠，但是非常稳定，因为这已经是最坏的情况了。总而言之，就是好人能带来更大效益，但是好人的优势只有在对方也是好人的情况下才能体现出来。这一点对于公司的管理人员很有启示。

该不该相信政客

为了让学生更好地理解"囚徒困境"，一位商学院的教授设计了这样一个游戏。经过多年传播，这个被称为是"选 A 还是选 B"的游戏越来越多地得到应用，并成为一个非常著名的模型。下面我们就来介绍一下这个游戏。

这个游戏来源于现实生活，非常实际。我们假设每一名学生都拥有一家企业，他们是这些企业的负责人。在生产和经营方面摆在他们面前的有 A、B 两条路可以选：

A 选择是指生产质量合格的产品，不弄虚作假，诚信经营；

B 选择是指生产假冒伪劣产品，以次充好，欺骗消费者。

在这里，我们假设如果企业选择 A，将会获利 100 元；如果选择 B 将会获利 150 元。另外，选择 A 将会产生公众效益 100 元，选择 B 将不会产生公众效益，但是最终公众效益会平均分摊到每一家企业的头上，无论企业是选择 A 还是选择 B。

下面我们解释一下上面的规则，首先选择 B 的企业将会比选择 A 的企业多收入 50 元，这是现实情况的真实反映。因为生产假冒伪劣商品，以假充真，以次充好，生产成本低，还大多伴随着偷税，收入自然比正规经营要高。这也是很多不法分子敢于冒着风险从事生产假冒伪劣产品的原因。还有，公众效益是指所有企业所得的利润创造出来的公共利益，这些利益要分摊到每一个企业的头上，作为他们的一种收益。例如，地方政府用企业缴纳的税款为本地做了大量招商引资的广告，这些广告起了作用，吸引来了投资，当地纳税企业同时也从这些投资中获得收益。获益的时候每一家企业都有份，但是计算公众效益总额的时候，不能将选择 B 的企业所得收入计入其中，因为这类企业大多违法经营，偷逃税款，没有为公众效益作贡献。

我们假设有 10 家企业准备选择 B，这时选择 A 的企业同样为 10 家，每一家收入为 100 元，同时产生公众效益 1000（100 × 10=1000）元。公众效益将分摊到每一家企业身上，包括选择 B，没有创造公众效益的企业。每家企业将分摊到 50（1000÷20=50）元，这样算来，选择 A 的企业最终的总收益为 150（100+50=150）元，而选择 B 的企业总收益为 200（150+50=200）元。与原本同时选择 A 时的收益相同。

我们假设全班 20 个同学代表的 20 家企业全部选择 B，则最后每一家企业的总收益只能为 150 元，因为没有人创造出公共效益。

在上面这个博弈模型中，当只有一个人选择 B 的时候，他的收益额是明显高于他人的，但是当随着选择 B 的人数越来越多，这种优势越来越小。当有 10 家企业选择 B 的时候，他们获得的总收益与大家同时选择 A 时获得的总收益相同，都为 200 元。如果再有更多的人选择 B，他们获得的总收益尽管比选择 A 的要多，但是将会低于大家同时选择 A 时获得的 200 元。这个时候，选择 B 已经不再是优势策略，最好的选择是大家都选择遵纪守法，诚信经营。

这个游戏最初的规则是大家被隔离开，相互之间不能讨论和商量，每个人独立作出选择。每个人都知道选择 B 将会带来更多的效益，因为选择 B 不但收入高，而且还可以无偿分摊他人创造的公共效益。结果每个人都是这样想的，所以这个游戏的结果是大家全部选择 B。但是，实际情况我们已经看到了，如果大家都去选择 B，或者超过一半的人去选择 B，B 的优势就不存在了。

后来教授改变了一下游戏规则，允许学生之间相互商量，允许他们成立选择 A 或者选择 B 的结盟，可以为自己争取盟友。这样会有什么样的结果呢？会不会出现大家一起合作的局面？结果是否定的，20个人中起初表态愿意选 A 的人数有 10 个左右，但是到了最后真正投票的时候，只有三五个人愿意选择 A。选择 B 的人，他们都知道尽管这样获得的收益将少于大家共同选择 A 时获得的收益，但是谁也不能保证别人不选 B，这种选择虽然可能不是最优决策，但是至少获得的收益不会比别人少。

上面的例子可以看作是商家之间的博弈，其实无论是商场还是政治中，情况都是一样的。当一方发现大家正处于一个"囚徒博弈"中的时候，如果他无法通过自己的力量将整个集体带出"困境"，那么他会采取一种让自己损失最小化，或者相对获益最大化的策略。这种情况的例子在政坛上数不胜数。

1984 年，美国联邦政府的财政赤字已经达到了前所未有的程度，政府和民众对这件事情都非常关注。要想降低财政赤字，就需要消减开支和增加税收，消减开支基本上不起什么作用，主要措施还是增加

环境对人的影响

自然环境，是人类周围的各种自然因素的总和，即客观物质世界或自然界。主要有大气、水、土壤、岩石、植物、动物、太阳辐射等。人也是如此，所处的自然环境不同，就会形成不同的性格。

自然环境对人的影响。

如果在学校里，和你生活在一起的人都是一群有着远大抱负的人，他们每天和你谈论的都是一些积极向上的内容，久而久之，你也会和他们一样努力刻苦学习。

学校环境对人的影响。

家庭作为一个社会单位，在人的成长阶段发挥着无可替代的作用。家庭环境在儿童性格形成中有特别重要的作用，俗称"家庭是制造人类性格的工厂"。在家庭因素中主要有教养方式、家庭结构、家庭气氛、孩子在家庭中的地位等。

家庭环境对人的影响。

好的环境造就好人，坏的环境会把人带坏。人的行为会因周围环境而改变，人也应该为适应环境，改变环境，创造良好的生活环境而作出更大的努力！

社会环境对人的影响。

税收。增加税收是一件得罪人的事，应该由谁来带头去做呢？这个议题是当年参加竞选的沃尔特·蒙代尔和罗纳德·里根不可避免要面对的一个问题。蒙代尔竭力造势，想为施行加税创造一个良好的环境，但是他的对手里根抓住这一点，将蒙代尔彻底打败。里根承诺绝对不会加税，因此赢得了大多数人的支持。

在这场政治博弈中，原本竞争双方可以共同提出挽救财政的方案，共同提出加税。如果只有一方提出，那么谁先提出加税，谁就将会陷入被动。因为谁都不想为这种"烂事"负责任，并且盼望着对方沉不住气，率先承担这项任务。最终里根便是凭借这一点，成功打败了对手蒙代尔。后来里根的政府果真没有加税，这对国家的利益而言是有害的，但是对里根个人的政治前途是有益的。

无论是商场还是政坛，其中的博弈道理很简单，无非是选择对自己最有利的策略，避免最差的策略；或者将对手陷入困境。有时候你要想赢得一场比赛，不一定要做得比对手强，把对手陷入困境，让对手做得比自己差也是一种手段。

做完上面游戏的同学，在听过教授的分析之后，不禁感慨："以后我再也不信商家和政治家的话了。"教授对他说："请告诉我，你刚才选择了 A 还是 B？"这位同学不好意思地说："我选了 B。"教授笑了："我们有很多时候是在同自己作斗争，所以很难取胜。"

周边环境的力量

这天上初中的小佩放学一回家就嚷着要买运动鞋，而且必须是阿迪达斯或者耐克牌的最新款。这种鞋子一双就要一两千块钱，妈妈责备她不懂事，小小年纪便爱慕虚荣，贪图享受，一点都不知道节约和体贴父母。

这是经常会发生在我们身边的一幕，难道那么多的孩子都喜欢攀比和贪图虚荣吗？我们如果从博弈论的角度来分析一下这个问题，可能会得到不同的答案。现在很多学校规定平时必须穿校服，但是年轻人又是喜欢表现自己的一群人：服装是统一的，那用什么来展现自己的个性呢？鞋子、背包、手机、山地自行车等。如果大家都在相互攀比，尽管知道这样是不对的，但是如果你不参与其中就可能会被孤立，或者遭到别人异样的眼光。年轻人的自尊心是敏感而脆弱的，所以他们大多会向父母要钱去买一些名牌的鞋子和手机之类的东西。

人在社会生活中最怕被孤立，尤其是正在成长的年轻人。但是名牌不是结交朋友的唯一标准，这就需要家长和学校来教育他们，让他们懂得这个道理，而不是一味地去谴责他们，这一点也说明了环境对个人的影响。

说完了环境对造成"囚徒困境"的影响，再说一下习惯对造成"囚徒困境"的影响。博弈论中的参与者均为理性人，也就是以为自己争取最大的利益为目的。既然这样的话，那么乘坐出租车之后，为什么要付给司机钱？这个问题看似有点不合常理，但是当你到达目的地之后，司机确实没有什么证据能证明你坐过他的车。不过你如果以此为依据就不付钱的话，司机肯定不会善罢甘休，因为没有人愿意白白付出劳动而得不到回报。司机可能会抓住你不放，可能会报警，甚至还可能会揍你一顿，总之，不会因为对方没有你坐过车的证据就让你走的。问题反过来说，那当到达目的地之后，你付给司机钱了，为什么司机不再向你要一次呢？因为你的钱和别人的钱没什么两样，即使是写了名字也不能证明是你的。这样的话，你肯定不愿意，因为没有人愿意为没有享受到的服务付钱。如果司机不放你走，你可能会报警，也可能一时激动砸了他的车。

坐车的时候为什么不付钱就走？司机为什么不多要一次钱？按理说这都是博弈中应该采取的策略，能为你带来更多收益的策略。我们之所以不选择这些策略是因为习惯，习惯甚至使我们从不去考虑还有这样的策略可以选择。

聪明不一定是件好事情

博弈论不仅是一门实用的学问，也是一种有趣的学问。人们希望通过博弈论来使自己变得更聪明、更理智，更有效地处理复杂的人际关系和事情，但就是这种能让人变聪明的学问却告诉大家：人有时候不能太聪明，否则往往会聪明反被聪明误。

聪明反被聪明误的例子比比皆是：一位有钱人家的狗丢了，被一个穷人捡到。穷人发现了有钱人贴在墙上的寻狗启示，声称谁若是发现了这条狗将给予 1 万元的奖励。这个穷人想第二天就带着这条狗去领钱。第二天早上，他从电视上得知，有钱人已经把奖金提高到了 3 万，寻求提供线索的人。他想了一下，准备下午带着狗去领钱，没想到到了中午电视中寻狗的奖金就升到了 5 万元。这下子这个穷人乐疯了，知道自己手里这条狗是"聚宝盆"，所以就一直守在电视前，眼看着有钱人给提供线索人的奖金从 5 万元升到了 8 万元，又升到了 10 万元。没过几天，这条狗的价值已经达到了 20 万元。这时候，这个穷人决定出手，带着狗去领钱。一回头才发现，这几天光顾着看电视，没有喂狗，狗已经饿死了。

还有这样一个故事，清朝人乔世荣曾经担任七品县令，一天他在路上碰到了一老一少在吵架，并且有不少人在围观，他便过去了解情况。原来是年轻人丢了一个钱袋，被老者捡到，老者还给年轻人的时候，年轻人说里面的钱少了，原本里面有 50 两银子，现在只剩下 10 两，于是便怀疑被老者私藏了。而老者则不承认，认为自己捡到的时候里面就只有 10 两银子，是年轻人想敲诈他。围观的人中有人说老者私藏了别人的银子，也有人说年轻人恩将仇报。最后乔世荣上前询问老者："你捡到钱袋之后可曾离开原地？"老者说没有，一直在原地等待失主回来寻找。围观的人中不少站出来为老者作证。这时候乔世荣哈哈大笑起来，说道："这样事情就明白了，你捡的钱袋中有 10 两银子，而这位年轻人丢失的钱袋中有 50 两银子，那说明这个钱袋并非年轻人丢失的那个。"说到这儿，他转头朝年轻人说，"年轻人，这个钱袋很明显不是你的，你还是去别处找找吧。"最终年轻人只能吃这个哑巴亏灰溜溜地走了；而这 10 两银子，被作为拾金不昧的奖励，奖给了捡钱的老者。这个故事告诉我们，有的人吃亏不是因为太傻，而是因为太精明。

从上面这两个"聪明反被聪明误"的故事，我们都可以得到两点启示：一是人在为自己谋求私利的时候不要太精明，因为精明不等于聪明，也不等于高明，太过精明反而往往会坏事。我们在下棋的时候，顶多能想到对方三五步之后怎么走，几乎没有人会想到对方十几步甚至几十步之后会如何走。像"旅行者困境"故事中，每个人都想来想去，最终把自己的获利额降到了 1 元钱，结果弄巧成拙，太精明了反而没占到便宜。

故事给我们的第二个启示就是运用"理性"的时候要适当。理性的假设和理性的推断都没有错，但是如果不适当，过于理性，就会出现上面故事中的情况。有句话说"天才和疯子只有一步之遥，过度的理性和犯傻也只有一步之遥"一点也没有错，因为过度地理性不符合现实，谁也不能计算出对手会在几十步之后走哪一个棋子，如果你根据自以为是的理性计算出对手下面的每一步棋会如何走，并倒推到现在自己该走哪一步棋，结局肯定是错误的。所以有时候我们要审视一下自己的"理性"究竟够不够理性。

第四章
走出"囚徒困境"

最有效的手段是合作

在"囚徒困境"模式中有一个比较重要的前提，那便是双方要被隔离审讯。这样做是为了防止他们达成协议，也就是防止他们进行合作。如果没有这个前提，"囚徒困境"也就不复存在。由此可见，合作是走出"囚徒困境"最有效的手段。

常春藤盟校中的每一所学校几乎在全美国，甚至全世界都有名，他们培养出的知名人士和美国总统的人数更是令其他学校望尘莫及。就是这样积聚着人类智慧的地方，曾经却为了他们之间的橄榄球联赛而颇感苦恼。20 世纪 50 年代，常春藤盟校之间每年都会有橄榄球联赛。在美国，一所大学的体育代表队非常重要，不仅代表了自己学校的传统和精神，更是学校的一张名片。因此，每所大学都拿出相当长的时间和足够的精力来进行训练。这样付出的代价便是因为过于重视体育训练而学术水准下降，仿佛有点本末倒置。每个学校都认识到了这个问题，但是他们又不能减少训练时间，因为那样做，体育成绩就会被其他几个盟校甩下。因此，这些学校陷入了"囚徒困境"之中。

为了更形象地看这个问题，我们来建立一个简单的博弈模型。假设橄榄球联赛中的参赛队只有哈佛大学和耶鲁大学，原先训练时间所得利益为 10，若是其中一个学校减少训练时间，则所得利益为 5。这样我们就能得到一个矩阵图：

		哈佛大学	
		减少时间	不减少时间
耶鲁大学	减少时间	（10，10）	（5，10）
	不减少时间	（10，5）	（10，10）

首先解释一下，为什么两个学校同时减少训练时间得到的结果跟同时不减少时间时一样，都为（10，10）。因为大学生联赛虽然是联赛，但是无论如何训练，水准毕竟不如正式联赛。人们关注大学生联赛：一是为了关注各学校之间的名誉之争，二是大学生联赛更有激情。因为运动员都是血气方刚的大学生，因此，如果两所大学同时减少训练时间，只会令两支球队的技术水平有所降低，但是这并不会影响到比赛的激烈程度和受关注程度。所以，同时减少训练时间，对两个学校几乎没有什么影响。

最后，各大学都认识到了这个问题。也就是说各大学付出大量的训练时间，接受巨额的赞助得到的结果，与只付出少量训练时间得到的结果是一样的。于是他们便联合起来，制定了一个协议。协议规定了各大学橄榄球队训练时间的上限，每所大学都不准违规。尽管以后的联赛技术水平不如以前，但是依旧激烈，观众人数和媒体关注度也没有下降。同时，各大学能拿出更多的时间来做学术研究，做到了两者兼顾。

上面例子中，大学走出"囚徒困境"依靠的是合作，同时合作是人类文明的基础。人是具有社会属性的群居动物，这就意味着人与人之间要进行合作。从伟大的人类登月，到我们身边的衣食住行，其中都包含着合作关系。"囚徒困境"也是如此，若是给两位囚徒一次合作的机会，两人肯定会作出令双方满意的决策。

说到博弈中各方参与者之间的合作，就不能不提到，这是博弈中用合作的方式走出困境的一个典范。欧佩克是石油输出国组织的简称。1960年9月，伊朗、沙特阿拉伯、科威特、伊拉克、委内瑞拉等主要产油国在巴格达开会，共同商讨如何应对西方的石油公司，如何为自己带来更多的石油收入，欧佩克就是在这样的背景下诞生的。后来亚洲、拉丁美洲、非洲的一些产油国也纷纷加入进来，他们都想通过这一世界上最大的国际性石油组织为自己争取最大的利益。欧佩克成员国遵循统一的石油政策，产油数量和石油价格都由欧佩克调度。我们假设没有欧佩克这样的石油组织将会出现什么样的情况。那样的话，产油国家将陷入"囚徒困境"，世界石油市场将陷入一种集体混乱状态。

首先，是价格上的"囚徒困境"。如果没有统一的组织来决定油价，而是由各产油国自己决定油价，那各国之间势必会掀起一场价格战，这一点类似于商场之间的价格战博弈。一方为了增加收入，选择降低石油价格；其余各方为了防止自己的市场不被侵占，选择跟着降价，最终的结果是两败俱伤。即便如此，也不能退出，不然的话，一点儿利益也得不到。"囚徒困境"将各方困入其中，动弹不得。

其次，产油量也会陷入"囚徒困境"。若是价格下降了，还想保持收益甚至增加收益的话，就势必要选择增加产量。无论其他国家如何选择，增加产量都是你的最优策略。如果对方不增加产量，你增加产量，你将占有价格升降的主动权；若是对方增加产量，你就更应该增加产量，不然你将处于被动的地位。

合作的好处

> 合作就是个人与个人、群体与群体之间为达到共同目的，彼此相互配合的一种联合行动、方式。生活中相互合作取长补短的例子不胜枚举。1加1是可以大于2的，有这样的好事，为何不去尝试呢？

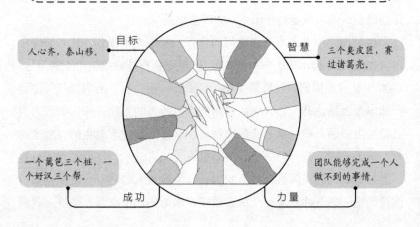

人心齐，泰山移。

目标

智慧

三个臭皮匠，赛过诸葛亮。

一个篱笆三个桩，一个好汉三个帮。

成功

力量

团队能够完成一个人做不到的事情。

说到这里，我们就应该明白欧佩克的重要性了。欧佩克为什么能做到这一点？关键就在于合作。

合作将非合作性博弈转化为合作性博弈，这是博弈按照参与方之间是否存在一个对各方都有效的协议所进行的分类。非合作性博弈的性质是帮助你如何在博弈中争取更大的利益，而合作性博弈解决的主要是如何分配利益的问题。在"囚徒困境"模式中，两名罪犯被隔离审讯，他们每个人都在努力作出对自己最有利的策略，这种博弈是非合作性博弈；若是允许两人合作，两人便会商量如何分配利益，怎样选择会给双方带来最大的利益，这时的博弈便转化为合作性博弈。将非合作性博弈转化为合作性博弈，便消除了"囚徒困境"，这个过程中发挥重要作用的便是合作。

用道德保证合作

博弈论的前提是参与者为理性人，也就是说每个人必须为自己争取最大利益，除此之外不考虑其他因素。我们曾经举过这样一个例子，在朋友的生日宴会上突然发生火灾，酒店只有两个逃生门，这个时候你该从哪个门逃生？我们在分析的时候有一个前提假设，那就是在不考虑道德因素的情况下，最终得出的结论是目测两个门口与自己的距离，同时观察每个门口的拥挤程度，估算出自己走哪个门逃生会用最短的时间。寻找出这个门逃生便是最优策略。但是如果我们考虑上道德因素呢？你可能不会选择自己逃生，而是组织大家一起逃生，让老人和孩子先走。这样，因为自私自利可能陷入的混乱就被化解，这其中发挥关键作用的便是道德。

与合同中的惩罚机制一样，道德也是一种惩罚机制，能帮助人们走出"囚徒困境"。自私自利，不道德的人会受到大家的鄙视和唾弃，没有人愿意与他进行合作，甚至事后会受到自己良心的谴责。这是另一种形式的惩罚，也是另一种形式的预期风险。如果每个人都能意识到这个问题，社会上少数不道德的人和行为就会受到抑制，道德对社会的调节和帮助人们走出困境的作用就能体现出来。

我们在前面章节提到过，"囚徒困境"推翻了亚当·斯密"每个人获得最大个人收益，社会便获得最大集体利益"的理论。"囚徒困境"中每个人选择对自己最有利的策略，追求自己的最大化利益，但是得到的结果却是两败俱伤。亚当·斯密真的错了吗？这位西方经济学的奠基人怎么会犯如此低级的错误呢？其实这是一种误会，除了与当时的经济环境有关之外，还有道德的原因。亚当·斯密在写完《国富论》之后，又写了另外一本非常重要的著作《道德情操论》，在这本书中，亚当·斯密强调：个人道德和社会道德在市场经济中发挥着重要作用。也就是说，亚当·斯密所谓的个人利益与集体利益之间的关系是要考虑道德因素的。

设想一下，"囚徒困境"中的两位罪犯是有道德的。当然这种假设有点滑稽，真正有道德的人是不会去偷东西的，不过在博弈模型中我们可以假设他们有道德。这时，在选择供出同伙还是不坦白的时候，他们的良心告诉他们出卖同伙是不道德的，于是他们都选择了不坦白。最终两个人的选择达成了一种合作，取得了最大的集体利益。

我们可以说道德是人们之间相互默认，不得违反，否则就会受到惩罚的隐形协议。有的道德是社会性的，需要全民遵守的，比如尊老爱幼；有的道德被称为职业道德，他们应用范围只局限于一个行业，或者几个行业之中。尽管可能与社会道德相违背，但是在特定行业中则起到了与社会道德相同的作用，比如促进合作，维持这一行业的稳定和平衡。

有利益才有合作

自私自利是人类的天性，也是博弈参与者为何陷入"囚徒困境"的原因，归根结底是利益在作祟。每个人都是利己主义者，首先关心的都是自己的利益。既然是这样，为什么人们之间会出现合作呢？因为合作就意味着让利于人。

我们来看一下下面几个例子：

案例一：

大学毕业之后，几个同学都选择了在同一个城市工作，每个月都会聚在一起吃饭、K 歌。但是时间长了你会发现，同学张三从来没有掏过钱，每当到了结账的时候，他不是上卫生间就是打电话。去年你生日聚会的时候，他是唯一一个没有带礼物的人。那么，今年你过生日的时候还愿意请他来吗？

案例二：

你是一家公司的财务经理，深得老板的信任。公司的人事经理刚刚退休，公司决定在内部选举新的人事经理。这时，人事部的小王找到你，请求你推荐他，他知道你和老板的关系比较好。你觉得他工作还不错，非常有上进心，便向老板推荐了。小王最终当上了人事经理，皆大欢喜。过了一段时间，当你需要帮忙的时候，他却视而不见，甚至躲着你。现在他又有求于你，你还会不会帮他？

案例三：

你是一位报社记者，一天你收到一封举报信，举报人在信中披露了自己所在公司的领导贪污腐败的事情。你经过多方核实，包括接触举报人，最终证实这条新闻的真实性，并在报纸上披露了出来。又有一天你收到了一个匿名电话，电话另一端的人要求你提供举报人的身份，并答应给你一份丰厚的报酬。这时你该怎么做，你会替举报人保密身份吗？

上面这三个例子中都涉及合作，第一个例子中，张三是个小气的人，总想占别人便宜，不愿意付出，因此你应该不愿意再请他来参加你的生日聚会；你的同事小王是忘恩负义的人，他若是再有什么事情有求于你，你应该不会再帮助他了；第三个例子中，你应该不会出卖给自己提供线索的举报者，首先这不道德；再者，若是被别人知道你连自己的线索人都出卖，以后就没有人给你提供线索了。

很明显，合作的前提是互惠互利，拥有共同的利益。国际间的贸易往来也是如此。

我们来建立一个简单的博弈模型，分析一下其中的"囚徒困境"和合作问题。

假设有甲、乙两个国家，若是他们彼此向对方设置贸易壁垒，则每个国家所得的利益为 5；若是双方分别向对方开放市场，则双方所得利益各为 10；若是一方设置贸易壁垒，另一方开放市场，则设置贸易壁垒的国家所得利益为 10，开放市场的国家所得利益为 5。我们可以将这些情况形象地表现在一张矩阵图表中：

		甲	
		贸易壁垒	开放市场
乙	贸易壁垒	（5，5）	（10，5）
	开放市场	（5，10）	（10，10）

从图表中我们可以看出，作为国家甲会想：如果对方选择设置贸易壁垒，那么对于自己来说，最好的策略也是设置贸易壁垒，得到（5,5）的结果。如果对方选择开放市场，自己的最优策略依然是设置贸易壁垒，得到（10，5）的结果。由此可见，设置贸易壁垒是一个绝对优势策略。同样，国家乙也是这样想的，最终两个国家的博弈结果便是（5，5）。

从图表中我们可以看出，（10，10）的结果对于两国来说是最有益的，但同时也几乎是不可能的。因为当你选择开放市场的时候，并不能保证对方也对你开放市场，因此单方决定开放市场是一个比较冒险的举动。两个国家都能意识到，要想提高收益，必须同时向对方开放市场，也就是达成合作。共同利益是合作的前提，也是合作的动力。

2001 年中国在经过漫长的谈判之后，终于成功加入世界贸易组织

（WTO），消息传来，举国欢庆，这也成为当年最重要的事件之一。凡是加入世界贸易组织的国家，都必须开放自己的市场，逐步减少贸易壁垒。同时该组织内的其他国家也会向你开放市场，减少贸易壁垒，达到双赢。世界贸易组织就是组织各国进行合作的组织，共同加入世贸组织是一种合作的好方法。那样就不怕自己开放市场后对方选择设置贸易壁垒，因为加入世贸组织后就必须遵循世贸组织的规定，否则将受到惩罚。

共同利益是合作的前提，这一点不仅仅体现在两国之间。"鹬蚌相争，渔翁得利"的故事大家应该都听说过。河边一只河蚌正张着壳晒太阳，这时候走来一只鹬鸟，想要去啄河蚌壳里的肉吃，河蚌反应及时，夹住了鹬鸟的嘴巴，二者形成了僵局。这个时候鹬鸟对河蚌说：

如何让他人与你合作

要想别人与你一起合作，首先要了解对方需要什么，让对方吃到甜头，才会与你合作。

如何了解对方的需求

要找志同道合的合作伙伴，这样合作起来更容易。

要放低自己的姿态，不能想你要付出什么，更多的是要考虑对方需要什么。

把利润的大头让给对方，站在对方的角度考虑问题。合作，最简单的成功秘诀就是让利。

我们合作后，利润你拿60%，我只拿40%。

"你不松开我,早晚会被太阳晒死,到时候我照样吃你。"河蚌对鹬鸟说:"那你就试试吧,我不放开你,你早晚得饿死。"河蚌和鹬鸟僵持不下,这一幕正好被一个渔夫看到。他不费吹灰之力,便得到了一只河蚌和一只鹬鸟,满意而归。

在这场博弈中河蚌和鹬鸟为什么没有选择合作?因为它们没有共同利益,每一方都想置对方于死地。但是它们没有预料到渔民的出现,若是早知道会出现渔民,它们便可能选择合作。因为渔民的出现使它们之间出现了共同利益,那便是不被捉走。由此可见,博弈双方是否选择合作取决于是否存在共同利益。

组织者很关键

我们前面讲过石油输出国组织欧佩克(OPEC)和世界贸易组织(WTO),讲了它们是如何将博弈参与者组织到一起,促使双方或多方达成合作。由此我们可以看出,在合作中往往需要一个领导者或者组织者。

人类最初的时候野蛮、自私,那是什么将人类驯服得如此文明?是合作。著名的哲学家托马斯·霍布斯给出的答案是:集权是合作必不可少的条件。集权便是组织、政府,就像是没有石油输出国组织(OPEC)之前,产油国之间的关系很混乱;没有世界贸易组织(WTO)之前,国家之间相互设置贸易壁垒,征收高额关税,谁也不想让对方占自己便宜,谁也占不到对方的便宜,结果两败俱伤。这些都同人类当年的境遇是一样的。最终这种困境得以破除,依靠的便是 OPEC 和 WTO 这样的组织。

国家与国家之间同人与人之间一样,现今世界上国家之间没有一个统一的领导组织。联合国不过是一个协调性机构,关键时候不能发挥效力,例如,美国便多次绕开联合国展开军事行动。因此国家与国家之间想要在某一领域进行合作的时候,便会形成一些组织。我们熟知的组织有欧盟、北约、东盟等。

需要领导者或组织者的合作往往体现在公共品的"囚徒困境"之中。

公共物品和私人物品的性质不同,公共物品谁都有权利享用,比如公园的椅子、路边的路灯,无论是谁出资建的,你都有权利享用;私人物品则不同,私人物品属于私人所有,别人没有权利要求共享。由此可见,设置公共物品是"亏本"的,因为公共物品的特性决定了即使是你设置的,你也不能阻止别人去享用。这样说的话,路边的路灯该由谁来管呢?公园的长椅该由谁来修建呢?

某地区地处偏僻,只住了张三、李四两户人家。由于道路状况不好,交通不方便,所以他们都想修一条路,通向外面。我们假设修一条路需要的成本为4,这条路能给每一家带来的收益为3。如果没有外力的介入,这两家会选择怎样的策略呢?

如果两家合作修路,每一家承担的成本为2,收益为3,净利为1;如果两家选择不合作,只有一家修路,但是修好的路又不能不让另一家人走。这样的话,选择修路的人家付出的成本为4,获得的收益为3,净利为-1;另外一家人这个时候可以搭便车,分享收获,他付出的成本为0,收益为3,净利为3。我们将这场博弈的几种可能结果列入矩阵图中:

		张 三	
		修路	不修路
李 四	修路	(1, 1)	(-1, 3)
	不 修	(3, -1)	(0, 0)

我们来分析一下在这场博弈中两人的策略,张三会想:若是李四选择修路,我也选择修路则得到的净利为1,若是我选择不修路则得到的净利为3,因此选择不修路是最优策略;若是李四选择不修路,

我选择修路则得到的净利为–1，我也选择不修路得到的净利为0。因此，无论李四选择修路还是不修路，张三的最优策略都是选择不修路。

同样，李四会同张三作同样的思考。这样，两个人都选择不修路，最终的结果便是（0，0），两家的生活不会发生任何改变。

上面说的只是按照人性的自私和博弈论的知识所作的理性分析，

出色的组织者怎样让三个和尚有水喝

> 一个和尚挑水喝，两个和尚抬水喝，三个和尚没水喝。这是大家都非常熟悉的民间故事，三个和尚没水喝，就是因为没有一个组织者、策划者、管理者。

现实中的情况则复杂多变。按照常理来说，若是非常荒凉的地方只住了两户人家，他们的关系应该会非常和睦才对。因为对方是自己遇到困难时候唯一的依靠。如果这两家关系比较好，则自然会选择共同修路，大家都得到好处。

但是在上面我们把它当作一个博弈模型来分析，我们假设其中的参与者都是理性人，也就是说，各方作出决策的出发点都是为自己争取最大的利益。上面所说的无论是和睦友好，还是仇恨不和，都属于特殊情况，不在博弈论的讨论范围。其实现在城市中的邻里关系便是如此，楼上楼下很多都不认识，没有利益也没有仇恨，见面也是形同陌路。

那么在上面两家修路的问题里，如果两家陷入"囚徒困境"，那该由谁来修路呢？如果将两户换作是 20 户、200 户呢？这时问题就由两人"囚徒困境"转化为了多人的"囚徒困境"。大家走的路属于公共品，公共品的"囚徒困境"一定要有人出面协调和处理，这是政府的职能之一。

再回到这个具体例子中，政府应该出头组织村民修路。政府带头，组织张三和李四两家或者出钱，或者出力，修好这条路。"囚徒困境"还有一个缺陷就是只看到眼前利益，看不到长远利益。这个时候，就需要有一个高瞻远瞩、有长远眼光的组织者。

防人之心不可无

《功夫熊猫》是一部含有中国元素的好莱坞动画电影，2008 年上映之后取得了优异的票房成绩，剧中的主人公也赢得了人们的热爱。影片中有这样一段剧情，浣熊师傅捡来了被遗弃的小雪豹，并从小教它功夫。浣熊师傅非常溺爱这只雪豹，将自己的武艺全部传授给了它。结果雪豹长大后变得异常贪婪，认为师傅还有没有传授给自己的功夫，最终师徒反目成仇。此时的雪豹不但学了一身功夫，还身强力壮，浣熊已经很难将它制伏。

再看看在中国流传的一个故事：传说猫是老虎的师傅，老虎的每一招每一式都是从猫那里学来的。看到老虎学习过程中的威猛，猫心里盘算，若是有朝一日老虎学好了本领，我也就成了它口中的食物了。那该怎么办呢？最后猫想出一招，那就是"留一手"。这一手也就是我们熟知的爬树本领。这一天猫对老虎说，我已经把我所有的本领都传给了你，你可以走了。果然不出猫所料，这时老虎露出了尖利的牙齿，向猫扑了过来。猫早有防备，转身便爬到了树上。老虎这时傻了眼，知道自己被猫戏弄了，但是无奈不会爬树，只能气得用爪子去抓树皮。而猫呢，三两下就跳到了别的树上，然后一溜烟逃走了。

这两个故事讲的都是师傅给徒弟传授功夫，《功夫熊猫》中的浣熊师傅毫不吝啬地将毕生功夫都教给了雪豹，结果失去了对它的控制，险些酿出大祸，危害百姓。而第二个故事中的猫则理智得多，它知道为自己留一手。这便是我们常说的"防人之心不可无"。博弈也同样适用这个道理。

博弈的前提便是参与者为理性人，因此我们知道每个人都在为自己争取最大利益。这个时候，大家一般会非常小心地戒备对方，怕对方从自己手中争夺利益。但是，当博弈中出现了合作，这个时候参与者便降低了对对方的戒心。上面的两个故事同时也是两个博弈，而且都是合作博弈，对对方是否抱有戒心使得两个故事出现了不同的结局。这给我们以启示：合作时要真诚，但是防人之心不可无。

博弈中的合作是各方为了得到更大的集体利益，而选择牺牲掉一部分利益而走到一起的。我们要明确的一点是：合作的基础是双方知道有利可图，利益仍然是第一要素，而绝非什么真诚和忠诚。所以，合作中出现有人背叛也属于正常现象，不足为奇。关键是我们要做好准备，随时应对出现的各种可能，这样才能做到遇事不慌，从容应对。前面例子中的猫便是如此，它已经计划好了如果老虎忘恩负义，自己该怎么应对，所以在老虎露出真面目的时候能够做到临危不乱，从容不迫。

对对方保持戒备之心，随时观察对方的一举一动，这是敌对双方之间最起码要做到的。兵书《孙子兵法》上有云："知彼知己，百战不殆。"说的便是密切关注敌方一举一动，掌握了全面信息便能百战百胜。这就像打牌一样，你若是不仅知道自己的牌，还知道对手的牌，而对手还蒙在鼓里。这个时候要赢对手则易如反掌。

重复性博弈

有这样一种现象我们经常可以见到，那就是出去旅游的时候，旅游景点附近的餐馆做的菜都不怎么样。这样的餐馆大都有一些共性，菜难吃，而且要价高。这样的地方去吃一次，就绝不会有第二次了。既然这样，这些餐馆为何不想办法改善一下呢？仔细一想你就会明白，他们做的都是一次性买卖，不靠"回头客"来赢利，靠的是源源不断来旅游的人。

类似上面这样的事情我们身边还有很多，这些事情向我们说明了一个道理：

你想和你的商业伙伴不只一次做生意的话，你就不能选择去背叛他。

但现实情况往往不会是这样，我们都会培养自己的固定客户，因为老客户会和我们进行长久的合作，使我们持续获利。再比如，你开了一家餐馆，不是在旅游景点附近，也不是车站附近，而是在一家小区门口，来这吃饭的人大多是附近小区的住户。这个时候，你会选择像前面说的那样把菜做得又难吃而且要价又贵吗？应该不会，如果是那样的话，你的客户将越来越少，关门是早晚的事。很多历史悠久的品牌，比如"全聚德""同仁堂"等，正是靠着优质的产品和周到的服务为自己争取了无数的"回头客"，这些品牌也已经成了产品质量的保证。

一般将一次性博弈转化为重复性博弈，结局完全不同。因为你若是在前一轮博弈中贪图便宜，损害对方利益，对方则会在下一轮博弈中向你进行报复。国外有一个黑社会团体，这个团体有许多规矩，其中一条便是：若被警察抓住，不得供出其他成员，否则将受到严惩。这里的严惩多半是被处死。在这里我们套用一下"囚徒困境"的模式，假设被抓进去的两个罪犯都是这个团体成员，他们还会选择出卖对方吗？

结果应该是不会，我们假设这两个罪犯的名字依然为亚当和杰克。亚当会想，虽然供出对方对我来说是最优策略，但是这样出狱以后就会被处死。不要心存侥幸，觉得跑到天涯海角就能躲过一劫，组织中的成员是无处不在的；与其出去被打死，还不如坚持不坦白，在牢里安心待着。同样，杰克也会这样想，最终结局便是两人都选择不招供。为什么在前面几乎是不可能的合作，到了这里变得如此简单？因为前面的"囚徒困境"是一次性博弈，两人不需要考虑出狱以后的事情；但是在这里不同，出狱以后两人还会进行一次博弈，并且根据当初在狱中是否出卖了对方，而得到相应的结局。这样，一次性博弈变为了重复性博弈，两人也由出卖对方转化为了合作。

我们建立一个简单的博弈模型，若是亚当出卖了杰克，出狱后会被组织打死，所得利益为 0；若是没有出卖杰克，出狱后平安无事，所得利益为 10。杰克同样如此。我们将这几种可能表现在一张矩阵图中：

		杰 克	
		坦 白	不坦白
亚 当	坦 白	（0，0）	（0，10）
	不坦白	（10，0）	（10，10）

　　图表中很明显地显示出，选择向警方坦白，出狱后死路一条；选择不坦白，虽然会多坐几年牢，甚至终生监禁，但是没有生命危险。很明显，两名罪犯都考虑到这一点肯定会选择不坦白。正是第二场博弈的结果影响到了第一次博弈的选择，体现了我们所讲的重复性博弈促成合作。

　　并不是只要博弈次数多于1，就会产生合作，博弈论专家已经用数学方式证明，在无限次的重复博弈情况下，合作才是稳定的。也就是说，要想双方合作稳定，博弈必须永远进行下去，不能停止。我们来看一下其中的原因。原因有两点：

　　一是能带来长久利益，比如开餐馆时的回头客。二是能避免受到

🌸 重复博弈与合作的关系

报复，你若是背叛对方，定会招致对方在下一次博弈中报复，比如上述黑社会组织的囚犯宁愿选择坐牢也不供出同伙，就是怕出狱后被报复。其实这两个原因可以看作是一个原因，怕对手报复也属于考虑长久利益。

某一次博弈是最后一次的时候，我们就不会再考虑长久利益，也不会有下一次博弈中对对手报复的担忧，这时背叛对方又成了博弈各方的最优策略。

人的寿命是有限的，博弈总有结束的那一天，也就是说世界上没有什么是无限重复的。按照这个说法，合作就变得永远不可能。但是事实并非如此。如前面举的例子中，餐馆的"回头客"同餐馆之间的关系便是合作；黑社会成员在监狱中共同不招供出对方也是合作。没有人会在一个餐馆吃一辈子饭，黑社会组织也早晚有解散的那一天，如此说来，他们之间的博弈也应该属于有限重复博弈，那他们之间为什么会出现合作呢？这是因为他们不知道什么时候博弈会结束。

我们假设，你决定明天就将餐馆关闭，或者转让给他人，那么今天晚上你与顾客之间便是最后一次博弈。这个时候虽然餐馆老板基本上不会这样做，但是从博弈论的角度来说，做菜的时候偷工减料、提高菜价，对你来说是最好的一种策略；正如两名罪犯虽然是黑社会成员，但是如果他们知道自己的组织被一锅端了，出去之后没有人会威胁自己，这时候他们便会选择背叛对方。

"熟人社会"

"善有善报，恶有恶报"是中国人常常挂在嘴边的一句话，多用来教育人们除恶行善。乍一听，这句话说得像是一种宿命论，善报和恶报像是一种上天对你此前行径的报应。但是我们从博弈论的角度来看，便会发现其中的道理。

在重复博弈中，如果你每一次都选择背叛别人，当你身边的人全部都被你背叛之后，你在接下来的博弈中便会受到别人对你的报复；同理，若是你考虑到长远的利益和对方的报复，在博弈中总是选择与对方合作，收获的也将是对方合作，这样就能达成一种双赢的结果。这便是我们所说的"善有善报，恶有恶报"在博弈论中的解释。

现实生活中，我们在教育别人要做一个善良的人的时候，当然不会说是为了将来不被别人报复。更多的是出于道德的考虑，为人向善是一种美德。中华民族的传统美德非常多，其中关于人与人之间如何融洽相处的就不少。但是随着人口流动和城市化进程加快，人与人之

从博弈论角度看社会关系

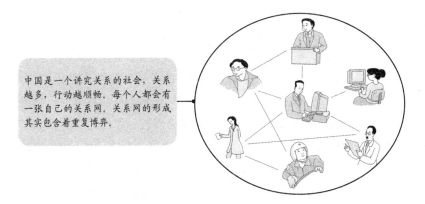

中国是一个讲究关系的社会，关系越多，行动越顺畅。每个人都会有一张自己的关系网。关系网的形成其实包含着重复博弈。

现在这种维持了几千年的模式被大规模的人口流动和高速的城市化进展弄得扭曲变形，人际关系变得越来越冷漠，更多的是与陌生人交往，也就是"一次性博弈"。

希望我们能真诚合作。

这个时候原本由熟人带来的诚信和合作逐渐被规则和制度代替。用制度和惩罚来维持合作与诚信。

间的关系变得不再淳朴、融洽，而是越来越冷漠。尤其是城市中，人情越来越淡薄，关系越来越冷淡。对于这个问题的最好解释是社会学家费孝通提出的"熟人社会"概念。

农村的民风很淳朴，因为一个村便是一个小集体，谁家里有事情，无论是孝敬父母这样的好事，还是赌博这样的坏事，不用多久就能传遍全村。再就是，中国人都特别要面子，不愿意被别人说三道四，这样民风就会不自觉地变得淳朴。

反观城市里，城市规模不断扩大，流动人口越来越多。无论是居住的公寓，还是上班的办公室，人们都生活在一个个格子里，并且越来越注重自己的隐私，很多邻居住在一起多年却互不相识。现在年轻人之间更是兴起了一种"宅"文化，整日窝在家中，守在电脑前，更是缺少了人际间的交往。

"熟人社会"和"有熟人，好办事"其实包含着重复博弈，而城市中人际关系越来越冷漠的原因便是这种重复博弈在逐渐减少，更多的是与陌生人的一次性交往，也就是"一次性博弈"。在农村，每当有人家结婚或者有人去世的时候，村民都会去送上喜钱或者吊丧的钱。这并不是说村民之间多么和睦，而是今天你给别人钱，明天别人同样会回报你。结婚和亲人去世是每个家庭都要面对的，这种方式既表达了人们的祝福或者哀悼，同时又是一种积少成多的集资方式。这其中隐含着一个重复性博弈——你今天如何对待别人，别人明天便会如何对待你。并且，村民们大都会继续生活在一起，每个家庭不断有人出生，也不断有人去世，这不仅是一场重复性博弈，更是一场无限重复博弈。

关于诚信的塑造，我们可以来看这样一则新闻：

某地一对夫妇因为工作繁忙，同时要带孩子，所以将自己的一个报摊办成了无人报摊。也就是没有人负责卖报，买报的人可以自己拿想要的报纸，然后根据标价将钱放在一边的箱子里。就这样，虽然每天来买报纸的人不少，却从来没有少过钱。有的人为了亲眼目睹这一"有便宜不赚"的怪现象还专门从老远来这里买报。

这个新闻不胫而走，很多媒体都作了报道。人们纷纷夸奖这一地区的人素质高，但是也有人不这样认为。采访的时候，一位在报摊对面修鞋的大爷对这件事评论道："根本不是什么素质的问题，这里附近就这一个报摊，如果人们不给钱就拿报纸，老板一生气不做了，这附近的人们就没报纸看了。再说，报摊就在路口上，整天人

"熟人不熟"源自信任缺失

重复性博弈促成了人与人之间的信任，这一点在当今社会中越来越难得。现今社会，由于人口流动和信任缺失，使人与人之间的关系越来越淡漠，"一次性博弈"的社会现象也越来越普遍，其中最典型的现象便是 AA 制、协议、合同等。

AA 制看似公平，谁也不欠谁的付款方式恰恰反映了一个问题，那就是人情味越来越淡。这一次谁也不欠你，下一次你也不欠别人。

每一次交往都是一次性博弈，没有人愿意让别人占自己的便宜，别人也不会让你占他们的便宜，AA 制是最好的选择。

造成这种结果的原因是人口流动越来越快，人们之间交往越来越少。

一些合同的签订是为了保护双方当中弱势一方的权益，比如，最新的劳动法便规定，企业必须与雇用的员工签订劳动合同。

但是也有一些协议和合同签得令人深思，比如，夫妻之间签订的财产鉴定书。看上去是西式的、洋气的做法，但是也透露出当今社会人们之间缺乏信任的现象。

来人往的，谁给不给钱那么多双眼睛盯着，谁会为了这点小便宜丢人现眼。"

这位老大爷不一定懂博弈论，但是他的想法符合博弈论的原理。买报纸的人同报摊老板之间是一种重复性博弈关系，这样，人们为了长久利益，一方为了赚钱，一方为了有报纸看，便会选择合作；同时，也有一些过路人想买报纸，这时两者之间的博弈便不再是重复性博弈，而是一次性博弈，公众的监督打消了这一部分人占小便宜的想法。于是，一种诚信便建立了起来。

当今社会，一方面人们在强调"地球村"的概念，强调合作的重要性；而另一方面诚信却在不断缺失。上面这个例子给了我们一个启发，那就是开展长久合作和增加公众监督。

未来决定现在

未来的预期收益和预期风险是影响我们现在决策的重要因素。预期收益是指现在作出的决策在将来能给我们带来什么收益；预期风险则是指现在的决策在将来会带来什么样的问题，或者麻烦。这些未来的收益和风险，将影响着我们现在制定的策略。选择读书是为了增长知识，上一个好大学，将来有一份好工作，对社会和家人尽责，这便是预期收益；公司采取保守的发展战略，不急于扩大规模，考虑的可能是急功近利会影响产品和服务质量，这便是一种预期风险。

在人口流动性比较大的车站、旅游景点，提供的商品服务不但质量差，而且价格高，并且充斥着假冒伪劣产品。原因很明显，这里的顾客都是天南海北的人，来去匆匆，做的都是"一锤子"买卖，基本上不会有第二次合作。既没有预期收益，也没有预期风险，这就是服务质量差、商品价格高的根本原因。

公共汽车上经常见到两个熟人面对着一个座位互相谦让，但是也有人为了争一个座位大打出手。给熟人让座是考虑到了两人以后还要相处，考虑到了长久的利益，也就是预期收益；而陌生人之间没有预期利益，也没有预期风险，所以会大打出手。如果其中一方是身强力壮的男子，而另一方是一位弱小的男人，这样一般也不会大打出手，因为弱小男子会考虑到未来风险，宁愿站着，也不会冒着被揍一顿的

预期收益决定是否需要合作

合作还是背叛的问题，也可以表述为在未来利益和眼前利益之间选择的问题。

一方有多余的食物，一方有多余的衣服。

如果是陌生人，他们便会想着将对方的东西抢过来。

如果是熟人，就会考虑交换。

还给我的羊腿！

因为，双方并不认识，那抢劫之后便不会担心被报复，没有预期风险。

首先是考虑到预期收益，和他处理好关系对将来有什么收益。

其次是要考虑到预期风险，对方知道自己是谁，若是抢劫他定会遭到报复。于是，交易就这样产生了。

风险去抢一个座位。

现实中，人们对于那些眼光更长远，看问题更敏锐的人往往会更加佩服；而对那些急功近利、鼠目寸光的人则多鄙视。

急功近利的人和眼光长远的人如何区别，并没有一个固定的标准，但是可以从他们的日常行为中推测一下。比如，抽烟特别多的人可能会目光短浅，而每天坚持锻炼身体的人则更值得信任。对待那些目光短浅的人，我们要与他们保持距离；而对于那些做事周到、目光长远的人，我们则应该多去接触。至于那种已经很明确会背叛自己的人，则要在他背叛自己之前远离他。

人们相信合作能带来更好的未来，但是为私利却都去选择背叛，导致合作难以产生。这便是"囚徒困境"反映出的问题。人们明明知道背叛别人和急功近利是不好的，合作和长远考虑对自己、对集体更有利，但却总是陷入这种困境之中。难道这是上天为人类设置的一个魔咒？人类注定无法摆脱吗？

答案当然不是。2005 年因研究博弈论获得诺贝尔经济学奖的罗伯特·奥曼曾经说过，人与人之间若是能够长期交往，那么他们之间的交往过程便是减少冲突、走向合作的过程。这个过程的前提是人与人之间长期交往，而不是擦身而过。

奥曼教授一直在寻找一条解决"囚徒困境"的途径，前后长达几十年。他想在理论上探索出一条道路，解决"囚徒困境"，这样便能增加人们的利益，减少冲突。取得最大利益的关键在于制定一个好的策略，而好的策略的标准是为双方的合作留出最大的空间。在制定这样策略的时候，很重要的一点便是考虑这个策略将会带来的未来收益和未来风险。也就是说，未来非常重要。奥曼研究的结果证实了我们上面所说的，人与人之间的长期交往是一种重复合作，重复合作即意味着"抬头不见低头见"，就是这种未来结果促成了人们之间走向合作。

不要让对手看到尽头

有这样一个笑话，一个年轻人去外地出差，这期间他觉得自己的头发有点长，便准备去理发。旅店老板告诉他，这附近只有一家理发店，刚开始理得还不错，但是因为只有他一家店，没有竞争，所以理发师理发越来越草率。人们也没办法，只得去他那里理发。年轻人想了想，笑道："没事，我有办法。"

年轻人来到这家理发店，果然同旅店老板说的一样，店里面到处是头发，洗头的池子上到处是水锈，镜子不知道有几年没擦了，脏乎乎的照不出人影。理发师在一旁的沙发上跷着二郎腿，叼着一支烟，正在看报纸。等了足足有3分钟，他才慢悠悠地放下报纸，喝了一口茶，然后问道："理发呀？坐那儿吧。"

年轻人笑着说，我今天只刮胡子，过两天再来理发。理发师胡乱地在年轻人脸上抹了两下肥皂沫，三下五除二就刮好了。年轻人一看，旅店老板说得一点都没错，理发师技术娴熟，但是非常草率，甚至连下巴底下的胡子都没刮到。不过他也没说什么，笑着问道："师傅，多少钱？"

"2元。"理发师没好气地回答说。

"那理发呢？"年轻人又问道。

"8元。"

年轻人从钱包里拿出10元钱递给理发师，说："不用找钱了。"

理发师没见过这样大方的客户，于是态度立刻来了一个一百八十度大转弯，笑吟吟地把他送到门外。临走时，年轻人说两天之后来理发。

两天过去了，等年轻人再来理发的时候，发现理发店里面被打扫得干干净净，水池中的水锈也不见了，镜子也被擦得一尘不染。理发师笑呵呵地把年轻人迎进了店内，并按照年轻人的要求给他理发，理得非常仔细、认真。

理完之后，理发师恭敬地站在一边。年轻人站在镜子面前前后看了看，对理发师的水平非常满意，然后拂了拂袖子就要出门。理发师赶忙凑上前来说还没给钱呢，年轻人装出一脸不解地说："钱不是前两天一起给你了吗？刮脸 2 元，理发 8 元，正好 10 元。"

理发师自知理亏，哑口无言，年轻人笑着推门而去。回到旅馆后，旅店老板和住宿的客人都夸年轻人聪明。

那年轻人赚了一次便宜之后还会不会继续去这家理发店理发呢？如果是一个理性人的话，他是不会这样做的。因为理发师在被戏弄之后，知道自己同年轻人打交道并没有预期收益，便会放弃提供更好的服务。我们假设这位年轻人是一个黑帮成员，身体强壮，扎着马尾辫，露出的胳膊上有五颜六色的文身。这个时候，理发师同样会提供良好的服务，因为这样做虽然没有预期收益（甚至连钱都不给），但是可以避免预期风险。

在有限重复博弈中，最后一次往往会产生不合作，这也是年轻人将一次性博弈转化为重复性博弈的原因。同样，争取低进价的商业交易也会涉及这一点。

我们来简单复述一下这个例子，假设你是一家手机生产企业负责人，某一种零部件主要由甲乙两家供货商提供，并且这种零部件是甲乙两家企业的主要产品。如果你想降低从两家企业进货的价格，其中一种做法便是将两家企业导入"囚徒困境"之中，让他们进行价格战，然后你坐收渔翁之利。具体是这样的：

你宣布哪家企业将这种零件的零售价从 10 元降到 7 元，便将订单全部交给这家企业去做。这样的话，虽然降价会导致单位利润减少，但是订单数量的增加会让总的利润比以前有所增加。这个时候，如果甲企业选择不降价，乙企业便会选择降价，对于乙企业来说这是最优策略；如果甲企业选择降价，乙企业的最优策略依然是降价，如果不降价将什么也得不到。同样，甲企业也是这样想的。于是两家企业都选择降价，便陷入两人"囚徒困境"，结果正好是你想要的。

前面分析的时候我们也说过，模型是现实的抽象，现实情况远比模型要复杂。"囚徒困境"中每一位罪犯只有一次博弈机会，所以他们会选择背叛；但是两家供货商之间的博弈并非一次性博弈。可能在博弈最开始的时候，两家企业面对你的出招有点不适应，看着对方降价便跟着降价。但是，这样一段时间之后，他们作为重复性博弈的参与者，就会从背叛慢慢走向合作。因为他们会发现，自己这样做的结果是两败俱伤，没有人占到便宜。等到他们意识到问题，从背叛走向合作的时候，你的策略便失败了。若是双方达成了价格同盟，局势将对你不利。

在上面分析之后我们给出了两个建议，一是定下最后的期限，二是签订长期供货协议。定下最后期限，比如月底之前必须作出降价与否的决定。这样就能把重复性博弈定性为有限重复博弈。因为我们已经知道，有限重复博弈中双方还是会选择互相背叛。然后趁双方背叛之际实施第二个策略，立刻签订长期供货协议，将"囚徒困境"得到

变一次为多次的博弈策略

为什么要将一次性博弈转化为重复性博弈呢？因为重复性博弈是合作产生的保障；其次是让对方看到未来收益。

成功的关键

讨价还价的时候我们经常会说"下次我们还来买你的东西"，或者"我们回去用得好的话，会让同学朋友都来买你的"。

虽然这种话大都是随口说出来的，但是其中包含的道理是博弈论中重复性博弈和预期收益。

119

的这个结果用合同形式固定下来。

上面的两个例子中，第一个是年轻人巧施妙计，将一次性博弈化为重复性博弈，从而有了后面的合作；而第二个例子中，企业将重复性博弈明确定为有限重复博弈，将对方置于相互背叛的境地，以破坏对方的合作。由此可见博弈论的魅力所在，无论你是什么身份，总能帮自己找到破解对方的策略。

讲了这么多的重复性博弈，最后要补充一点。生活中两人"囚徒困境"毕竟是少数，多数是多人"囚徒困境"。多人"囚徒困境"因为参与者太多，情况更为复杂。任何人的一个小小失误，或者发出一个错误的信号，就会导致有人做出背叛行为。然后形成连锁反应，选择背叛的人数会越来越多，最终整个集体所有人都会选择背叛。双方博弈中只要有一方主动提出合作，另外一方同意，合作便是达成了，而多人博弈中很难有人会主动选择合作。所以说多人博弈中，无论是有限次数博弈还是无限次数博弈，都很难得到一个稳定的合作。

在欧洲建立共同体，推进货币统一的过程中，曾经出现了1992年的英镑事件。当时在考虑建立一种统一货币制度的时候，每个国家虽然表面上同意合作，却暗地里都在维护个人利益，其中隐含着一个"囚徒困境"。无论是德国、英国，还是意大利，大家都在小心翼翼地维持着谈判和合作的继续进行。但正是因为一个非常小的信号导致了当时合作的失败，并且陷入了困境。

德国在这场谈判中的地位既重要又特殊，首先是维护欧洲区域的货币稳定，其次还要顾及自己国家的货币稳定。在如此压力之下，德国联邦银行总裁在某个场合暗示，德国不会牺牲国家利益。这句话看似没有问题，其实包含着很多信息。合作需要每一方都牺牲自己的一部分个人利益，如果德国不想牺牲个人利益，那么"囚徒困境"中的其他国家也不会选择牺牲个人利益。这种结局便是"囚徒困境"中的相互背叛。再加上德国联邦银行总裁是个举足轻重的人。这一条信息不但使谈判陷入僵局，同时被国际财团嗅到了利益，引来了国际财团的资金涌入，由此导致了 1992 年的英镑危机。

合作是人类拥有一个美好未来的保障，因此我们要相信希望。当年的谈判危机早已解决，欧元现在已经在欧洲使用多年，并且越来越稳定。

冤家也可以合作

我们前面讲过家电商场之间的价格战，在这场"囚徒困境"中，最终双方的结局是两败俱伤。那场博弈最后得出的结论是双方若是采取合作，选择都不降价，将会取得更大的效益。合作是我们得出的优势策略。

商场如战场，真真假假，情况非常复杂。聪明的商家如同数学家和军事家一样，有着敏锐的头脑，我们关于恶性降价竞争的博弈分析，其实也存在于他们的脑子中。这些精明的商人为了取得最大化的利益采取了很多措施，用尽了一切手段，其中就有价格方面的合作。尽管这些合作有的是主动的，有的是被动的。

我们下面讲几个关于商家之间价格大战的例子，看一下精明的商人是如何用价格来与同行达成合作的。

某市繁华的商业步行街上有两家杂货店，他们的店面分别在一条路的两边，正好斜对面，典型的冤家路窄。每个人都想把对手挤走，于是价格战便拉开了，这一打就是五六年，从来没消停过。

"床单甩货！跳楼价！赔本大甩卖！只需 20 元，纯正的亚麻布！"这是其中一家刚刚贴出的广告，红底黑字非常显眼。战斗中一方对另一方的反应总是迅速的，不一会儿，另外一家也贴出了广告："我们不甩货！我们不赔本！我们更不跳楼！我们的亚麻布床单从来都是 18元！"这样的广告词往往会让人忍俊不禁，也特别能吸引顾客。

今天是床单，明天是厨具，总之两家之间的价格战几乎天天打，有时候火药味还特别浓，甚至两个店的员工还要在大街上互相谩骂一顿。至于作战结果，有时候你赢，有时候我赢，基本上胜负各占一半。

价格战开始的时间也总是很准，往往是上午 10 点钟开始，一直斗到晚上人流高峰过去。步行街上人头攒动，这样的特价活动当然能吸引很多人，所以每一次无论谁赢了，他家今天降价的这类产品便会销售一空。两家都是如此，所以他们的产品更新特别快，虽然整天吵吵闹闹，但是生意还都算红火。再有就是，两家之间的价格战拼得如此之凶，让很多原本也打算在这里开杂货店的人都望而生畏。于是多年以来，这条步行街上就只有这两家杂货店。

直到有一天，一家店的老板决定移民国外，所以要将这家杂货店转让；巧的是另外一家杂货店的老板也因为有事转让店面。后来这两个店面分别到了张三和李四的手中，两人看着这两家店生意风风火火，于是信心满满地开始了自己的老板生活。结果，几个月下来两人都发现不但没赚钱，反而亏了不少，非常苦闷。令他们想不通的是，同样的店面，同样的人群，同样的员工，甚至同样的价格大战，为什么换了主人之后就不赢利了呢？

直到一天一位员工告诉了张三真相，原来原先的两个老板并不是什么同行冤家，而是非常要好的朋友。到这条街上来做生意是他们共同商量好的，其中的日常经营更是包含着一堆的策略。两家店虽然每天都会进行价格大战，但是胜负均分，也就是说今天窗帘的价格大战你赢了，明天的桌布大战就肯定是他赢；胜负均分是为了保证利益均分。很多人都有冲动的购物心理，原本并不想买的东西，如果看到是在搞活动，特别便宜，便会去买回来。至于那些降价广告和两家店员工争吵，也是在演戏。

张三一下子明白了，原先两家店之间是合作关系，他们之间的价格战是设计好的一场戏。而现在两家店的价格战是真刀真枪，结果便是两家店都陷入"囚徒困境"，不赢利也算是理所当然的了。

上面这个例子是主动进行的价格合作，还有一种是被迫进行的价格合作，这种合作并不是建立在双方是熟人的基础上，而是完全依靠市场竞争和其中的博弈。下面便是这样一个例子：北京某艺术区附近有一条音乐街，街道两边都是卖音像产品、乐器和音响的商店，虽然氛围很好，但是各家店之间的竞争非常厉害。音响的竞争主要是在两家之间，一家店是"小可音乐"，老板是小可；另外一家店叫"山火音乐"，老板为小山。

小可和小山两人并不熟悉，常年不打交道，两家店之间的关系也是如此。有一个很奇怪的现象，老板之间没有交情，两家店竞争非常激烈，但是他们的竞争手段只是增加产品种类，提供更好的售后服务之类的，两家店之间从来没有进行过价格大战。也可以说两家店在价格上保持了一种默契的合作。我们来看一下这种非熟人之间的价格合作是如何达成的。

小可的音响店自从开业那天起，便打出了自己的经营口号：我们保证自己的音响产品价格是全北京最低的。作为竞争对手的小山也打出了自己的牌，他提出了一个"低价协议"，内容是：所有在本店购买音响的顾客，如果有人在别处发现比我们更便宜的产品，我们将按照差价的两倍进行补偿。在外人眼中看来，这两家店是较上劲了，一场价格大战必将拉开。但是很长时间过去了，两家店价格一直没有降下来。这与双方制定的价格策略有关，尤其是小山的策略起了非常重要的作用，看似是将自己陷入不利地位的策略，却变成了稳定价格的一个保障。我们来分析一下其中的博弈。

假设某一种品牌的音响进价是 1500 元，两家店现在都卖 3000 元。小可承诺了自己的诺言，这个价格在北京确实是最低的，不过这并不是唯一的最低价；小山也将价格定在 3000 元，这完全是依据小可的定价而定的，这样他就不用为自己的"低价协议"付出额外的补偿。我们来分析一下两人的策略是如何在博弈中达成平衡的。

首先来看小可这边，如果小可想降价，比如将 3000 元降至 2800 元，这样会有什么后果呢？按理说降价会吸引来更多的顾客，但是在这里却不同。如果小可选择降价，则小山那边的价格就不再是最低价，按照小山给出的"如果不是最低价，双倍返还差额"策略，此时到小山店中去买音响将获得 400 元的补偿款，也就是相当于只花了 2600 元。于是出现了这样的情况，你降价，反而对手销量增加。尽管利润薄了很多，但是薄利多销，对手依旧是赢家。因此，降价对于小可来说不是一种好策略；升价更不是，那样就违背了自己的诺言，所以维持原价是最好的选择。

再来看看小山这边，如果定价比对手高就要付出差额的双倍补偿，这当然不是一种好的策略。如果定价比对手低，哪怕只低 1 块钱，对手为了承诺自己全市最低价的诺言，也会跟着你把价格调低，这样便进入到了一种恶性降价的"囚徒困境"，对双方都不利。因此，维持原价，保持同对方同样的价格是一种最好的策略。

就这样，虽然没有坐在一张桌子前协商，两家音像店还是在价格上面达成了默契合作。这其中发挥作用的便是市场和其中的博弈。透过现象看本质，透过错综复杂的市场竞争去观察其中内在的决定因素，你就会体会到博弈论的精彩之处。

第五章
智猪博弈

小猪跑赢大猪

《三个和尚》是我们比较熟悉的一个故事。假如我们用博弈论的观点来看，会发现这个故事与博弈论中"智猪模式"的情况相吻合。

所谓"智猪模式"的基本情况是这样的：

在一个猪圈里，圈养了两只猪，一大一小，并且在一个食槽内进食。根据猪圈的设计，猪必须到猪圈的另一端碰触按钮，才能让一定量的猪食落到食槽中。假设落入食槽中的食物是 10 份，且两头猪都具有智慧，那么当其中一只猪去碰按钮时，另一只猪便会趁机抢先去吃落到食槽中的食物。而且，由于从按钮到食槽有一定的距离，所以碰触按钮的猪所吃到的食物数量必然会减少。如此一来，会出现以下 3 种情况：

（1）如果大猪前去碰按钮，小猪就会等在食槽旁。由于需要往返于按钮和食槽之间，所以大猪只能在赶回食槽后，和小猪分吃剩下的食料。最终两只猪的进食比例是 5：5。

（2）如果小猪前去碰触按钮，大猪则会等在食槽旁边。那么，等到小猪返回食槽时，大猪刚好吃光所有的食物。最终的进食比例是 10：0。

（3）如果两只猪都不去碰触按钮，那么两只猪都不得进食，最终的比例是 0：0。

在这种情况下，无论是大猪还是小猪都只有两种选择：要么等在食槽旁边，要么前去碰触按钮。

从上面的分析中我们可以发现，小猪若是等在食槽旁边，等着大猪去按按钮，自己将会吃到落下食物的一半；而若是小猪自己亲自去碰按钮的话，结果却是一点儿也吃不到。对小猪来说，该如何选择已经很明了了，等着不动能吃上一半，而自己去按按钮反而一无所获，所以小猪的优势策略就是等在食槽旁。再来看大猪，它已经不能再指望小猪去按按钮了，而自己去按按钮的话，至少还能吃上一半，要不就都得饿肚子。于是，它只好来回奔波，小猪则搭便车，坐享其成。

很显然，"小猪搭便车，大猪辛苦奔波"是这种博弈模式最为理性也是最合理的解决方式。无论是大猪还是小猪，等着别人去碰按钮都是最好的选择，但是如果两者都这样做的话，也就只有一起挨饿的份儿了。所以，大猪不得不去奔波，被占便宜。两头猪之间的"智猪博弈"非常简单，容易理解，同时还与许多现实社会中的现象有着相同的原理，能够给人们许多启发。

在生活中，我们时常看到这样一种现象：实力雄厚的大品牌会对某类产品进行大规模的产品推广活动，投放大量的广告。不过，过一

聪明的小猪和倒霉的大猪

智猪博弈与囚徒困境的不同之处在于：囚徒困境中的参与者都有自己的严格优势策略；而智猪博弈中，只有小猪有严格优势策略，而倒霉的大猪却没有。智猪博弈听起来似乎有些滑稽。但它是一个根据优势策略的逻辑找出均衡的博弈模型。

小猪的聪明之处就在于他知道自己的实力有限，要想成功，就需要借助外力来自保强身，当然这个外力，可以是自然的力量也可以是友人的力量，甚至是对手的力量。要想获得最大的成功，就得时刻注意借助他人的力量。要知道："他山之石，可以攻玉。"

段时间后，当我们去选购这类产品时，却发现品牌繁多，还有其他不知名的品牌也在出产这种商品，让消费者有足够的挑选空间。

那么，为什么看不到这些小品牌对自己生产的同类产品进行推广呢？这种情况就可以采用我们上面提到的智猪模式来解释。要想推出一种商品，产品的介绍和宣传是不可缺少的。不过由于开支过于庞大，小品牌大多无法独立承担。于是，小品牌"搭乘"大品牌的便车，在大品牌对产品进行宣传，并形成一定的消费市场后，再投放自己的产品，把它们与大品牌的同类产品摆放在一起同时销售，并以此获取利润。很显然，在这场博弈中，小品牌就是"小猪"，而资金和生产能力都具有某种规模的大品牌则是"大猪"。

同样，这种博弈模式也适用于国际政治方面。比如在北约组织中，由于美国强劲的经济和军事实力，因此承担了组织大部分的开支和防务，而其他成员国则只要尾随其后就可以享受到组织的保护。这种情况就是所谓的"小国对大国的剥削"。与此同时，也使得我们能够更好地理解"占有资源越多，承担义务越多"这句话的真正含义。

在欧佩克石油输出组织中也存在类似的情形。在该组织的成员国中，既有产油大国，也有一些石油储量和产量相对较弱的小国。欧佩克组织为了维护自身的利益以及稳定石油的价格，采取了对其成员国限定石油产量，实行固定配额制的措施。但是，在经济利益的驱使下，某些小的成员国会超额生产，以期获得更多的利润。

此时，倘若产油大国也随之增加自己的产量，那么就会引起国际石油市场价格的下跌，反而造成了经济上的损失。所以，大的成员国在这种情况下会与小成员国达成某种合作机制，依照组织所规定的产量进行生产，作出一定的牺牲和让步，来维护和确保整个组织的共同利益。当然，大成员国的这种牺牲并非是一种无私的奉献，自身的利益依然是他们一切行为的出发点。虽然看似那些大成员国向小成员国作出妥协，没有增加自己的产量，但是由于他们在组织中占据着很大的比例，因此他们依然会获得组织所带来的大部分经济利益。

此外，我们常说的以弱胜强、先发制人等策略的应用都可以从智猪模式的角度进行解读。

商战中的智猪博弈

现在，世界范围内的主流经济体系便是市场经济。市场经济又被称为自由企业经济，在这种经济体系下，同行业的众多企业会为了追求自己的经济利益而不择手段，进行激烈竞争。当然，有竞争就必定有博弈。这些参与竞争企业的规模有大有小，实力有强有弱。他们之间便会像那两只大猪和小猪一样，彼此之间展开博弈。所以，当一个具有规范管理和良好运作的小公司为了自我的生存和发展必须和同行业内的大公司进行竞争的时候，小公司应当采取怎样的措施呢？

20世纪中期，美国专门生产黑人化妆品的公司并不多，佛雷化妆品公司算得上是个佼佼者。这家公司实力强劲，一家独大，几乎占据了同类产品的所有市场。该公司有一位名叫乔治·约翰逊的推销员，拥有丰富的销售经验。后来，约翰逊召集了两三个同事，创办了属于自己的约翰逊黑人化妆品公司。与强大的佛雷公司相比，约翰逊公司只有500美元和三四个员工，实力相差甚远。很多人都认为面对如此强悍的对手，约翰逊根本是自寻死路。不过，约翰逊根据实际情况和总结摸索出来的推销经验，采取了"借力策略"。他在宣传自己第一款产品的时候，打出了这样一则广告："假如用过佛雷化妆品后，再涂上一层约翰逊粉质化妆霜，您会收到意想不到的效果。"

当时，约翰逊的合作伙伴们对这则广告提出了质疑，认为广告的内容看起来不像是在宣传自家的产品，反倒像是吹捧佛雷公司的产品。约翰逊向合作伙伴们解释道："我的意图很简单，就是要借着佛雷公司的名气，为我们的产品打开市场。打个比方，知道我叫约翰逊的人很少，假如把我的名字和总统的名字联系在一起，那么知道我的人也就多了。所以说，佛雷产品的销路越好，对我们的产品就越有利。要

借势：人生的终极智慧

依据智猪博弈中小猪的经验，如果自身的力量太薄弱，势力太弱小，这个时候就要"借势"，借他人的力量、金钱、智慧、名望甚至社会关系，用于扩充自己的关系，增强自身的能力。

知道，就现在的情况，只要我们能从强大的佛雷公司那里分得很小部分的利益，就算是成功了。"

后来，约翰逊公司正是依靠着这一策略，借助佛雷公司的力量，开辟了自己产品的销路，并逐渐发展壮大，最后竟占领了原属佛雷公司的市场，成为了该行业新的垄断者。

现在，让我们依照智猪博弈的模式来分析一下这个成功的营销案例。

在这场实力悬殊的竞争中，约翰逊公司就是那只聪明的小猪，佛雷公司便是那只大猪。对实力微弱的约翰逊公司来说，要想和佛雷公司竞争，有两种选择：

第一，直接面对面与之对抗；

第二，把对方雄厚的实力转化为自己的助力。

很显然，直接对抗是非常不现实、非理性的做法，无异于以卵击石。所以约翰逊作出的选择是先"借局布阵，力小势大"，借着对方强大的市场实力和品牌效应为自己造势，并最终获得了成功。

从另一个角度来说，当竞争对手是在实力上与自己存在很大差异的小公司时，大公司的选择同样有两种：

一、凭借着自己在本行业中所占据的市场份额，对小公司的产品进行全面压制，挤掉竞争对手。

二、接受同行业小公司的存在，允许它们占领市场很小的一部分，与自己共同分享同一块"蛋糕"。

不过，在我们上面讲述的案例中，约翰逊的聪明做法使得佛雷公司无法作出第一种选择来对付弱小的约翰逊公司。理由很简单，那就是约翰逊的广告。对于佛雷公司来说，这则广告非但没有诋毁自己的产品，而且起到了某种宣传的作用。更何况，在这种情况下全面压制对方的产品既费时又费力，还要投入更多的资金，既然有人免费帮忙宣传自己的产品，又可以给自己带来一定的利益，何乐而不为呢？

总而言之，当"智猪模式"运用在商业竞争中的时候，同样需要

商业竞争中的智猪博弈

> 大猪和小猪同时存在是智猪博弈模式存在的前提，即小猪虽然与大猪同时进食，却不曾对大猪所吃到食物份额造成严重的威胁。

商业竞争中，大公司与小公司可以同时存在。

小公司必定会尽力发展自己，增强自身的实力。

对于大公司而言，一旦发现小公司的实力对自己造成威胁的时候，就会采取相应的行动，对小公司进行打压，限制其发展。

大企业　大企业

在经济快速发展的今天，跨区域、跨地界的合作越来越多，同一行业内不再是一家独大，经常会出现多个龙头企业存在的情况。

对于那些规模和实力都不太强的中小企业来说，市场的这种间隙就是它们要努力开拓的生存空间。

通常情况中小企业会下跳出原本的经营理念，依据自身的特点，去开创自身特有的市场。

遵循一定的前提条件。当竞争对手间存在较大差异的时候，实力弱小的竞争者要对实力强劲者先观察，了解对手产品在市场中的定位以及市场占有率。与此同时，要对自己情况和产品有清楚的认识，并制定出合理的经营理念，把自己产品的市场定位与对手错开，避免自己与强大对手的直接对抗，转而借助对手创造的市场为自己寻找机会。另一方面，自身实力雄厚的竞争者，如果确定竞争对手的实力与自己相差很多，那么就不必在竞争之初便耗费过多的资源和精力压制对方，只要时刻关注对方的发展，不对自己构成威胁即可。毕竟，"共荣发展、共享利益"才是智猪博弈模式最终达到的一种平衡。

股市中的"大猪"和"小猪"

股票和证券交易市场都是充满了博弈的场所，博弈环境和博弈过程非常复杂，可谓是一个多方参与的群体博弈。对于投资者来说，大的市场环境，所购买股票的具体情况，其他投资者的行动都是影响他们收益的主要因素。对于购买股票的投资者来说，他们都是股市博弈的参与者，而整个股市博弈便是一场"智猪博弈"。

依据投资金额的多少，我们可以把投资者简单归为两类，一类是拥有大量资金的大户，一类是资金较少的散户。

股票投资中的大户因为投资的金额较大，所以，为了保证自己的收益，他们必定在投入资金前针对股市的整体情况以及未来的走势进行技术上的分析，还有可能雇用专业的分析师或是分析公司作出准确的评估和预测，为自己制订投资的计划和具体策略。

一旦圈定了某些股票后，他们会收集该股票的相关信息，以确保自己能够以较低的价位吃进，在固定的金额内尽可能买进最多的份额。当然，这些针对信息的收集和分析都会消耗不少的时间和金钱。这些开支都被投资者计算在了投资成本中。

考虑到自己前期的投入，利益至上的大户一旦选定了某只股票，资金进入市场，就不会轻易赎回。对于大户来说，他们在计算股票收益时，必须扣除前期投入的成本，剩余的才算是自己真正的收益。所以，他们最希望看到的局面就是股价呈现出持续的上扬趋势，自己所持的股值不断地增加。

相对地，那些散户在把资金投入股市前的行为刚好与大户相反。在通常情况下，他们在选择投资股票的时候，往往会做出"随大溜"的举动。散户最常见的做法就是看哪只股票走势好，就投资哪只股票。因为，在这些散户看来，股票的走势好就意味着选择这只股票的人很多。事实证明，这并非一种明智的做法。因为在股票交易市场中，"投资这只股票的人多"并不是"这只股票一定挣钱"的必要条件。只能

股市中散户的最佳策略

散户虽然资金不多，但在某种程度上也是一种优势。"涨了便抛售，落了就买进"是散户最常见的投资行为。

您最近都在关注哪一只股啊？

对具有一定资金实力的大户来说，他们投资就是为了能使利益得到最大化。

最好的情况就是能够清楚地了解大户的投资策略。

"寻找大户的投资对象，及时跟进"就是散户在股票证券交易中的最佳策略。

跟着大户好投资

说存在出现这种结果的可能。

这例如，一个大户可以选择一只极易拉升股价的股票，通过散布一些虚假消息，吸引散户对该股票进行投资，待这只股票价格呈现出一定程度的上涨后，悄无声息地突然赎回，以此让自己在短时间内获得巨额利润。

这种通过设局，诱导散户做出定向投资的大户就是我们常说的"股市大鳄"。他们以雄厚的资金作为投资基础，自然会引导股票的走势倾向于有利于自己的一面。当他们利用资金，针对某一只股票开始坐庄时，就相当于形成了一个"猪圈"。此时，如果散户足够精明，能够看穿大户的打算，就可以趁机迅速买进，进入"猪圈"。

在股市中，称王的永远是坐庄的大户。所以，作为股市中的散户，除了要学会耐心等待"猪圈"的形成，抓住"进圈"的时机外，还要切记不可贪婪。获利之后，要学会及时撤出。毕竟，大户所作的决策是以自己获得利益为前提。如果大户选择震仓或是清仓，绝不会提前预警，往往是突然袭击。在这种情况下，散户就有可能血本无归，成为股市的牺牲品。

总有人想占便宜

在现实生活中，也许很多人并不十分了解"智猪博弈"，却在无意识中应用这一博弈模式处理自己所遇到的问题。例如，在现今的职场中，充满着各种各样的人际冲突。同时也存在着不少像"智猪博弈"中的"大猪"和"小猪"类型的人。我们常常会碰到这样的情况：有些人工作勤勤恳恳、认真负责、任劳任怨，整日里忙得团团转。有些人的工作状态则刚好相反，工作应付了事，总是一副清闲自在的样子。大多时候，这两类人所收到的回报几乎等同，第一类人是"出力不讨好"，第二类人则是"不劳而获"。

很显然，职场中"不劳而获"的人指的就是"智猪模式"中的那只"小猪"。事实上，"小猪"在职场中的存在非常普遍。下面提到的这位李先生就是其中之一。

李先生遵循并奉行这样一种原则："绝不出风头，跟在强者后。"李先生这样解释自己的这一原则：跟着工作能力强的人，如果事情做得好，自己也会得到嘉奖，即使出现了纰漏，自己也不会是责任的承担者。在李先生看来，这条原则非常有效，也让自己获益匪浅。

大学期间，李先生在组织参加校内一些活动的时候，总喜欢跟着工作能力强的人，听从调遣。自己只做一些辅助性的工作。李先生以此获得了不少老师的赞赏，加上他不抢功，给自己换来了好人缘，建立了好的关系网。最终，李先生凭借着自己的好人缘，获得了一份不错的工作。

工作后，李先生仍然遵循着这一原则。相较于那些埋头苦干的人，他每天看起来非常清闲。他与上下级以及同事都相处得非常融洽。一年下来，李先生的成绩不小，既升职又涨工资。李先生并不认为自己的做法有什么不合适。在他看来，在工作上偷点儿懒没什么不好，同时也为其他同事提供了表现自我的机会。自己只不过是借机沾点儿光罢了。虽然在工作上不是那么的卖力，但是自己也不是什么都没有付出。毕竟，良好的人际关系是需要费心费力去经营的。这个基础打好了，自己以后的工作才能更轻松，不需要那么辛苦地埋头苦干。

与工作清闲、轻松升职涨工资的李先生相比，下面讲到的王先生就是辛苦奔波的"大猪"。

王先生是一家公司某部门的经理助理。该部门的成员只有三个：经理、助理、普通员工。通常情况下，作为经理助理，工作应该不会太过于繁忙。但是王先生却总是大呼太累，抱怨自己的工作量太大。

王先生的抱怨并不是无中生有，而是真实的情况。王先生在部门里的位置比较尴尬，上有部门经理，下有普通员工。部门经理喜欢什么事都交给王先生去办，所以王先生除了自己的本职工作外，还要经常处理经理额外安排的工作。其实，有些工作王先生可以交代给那名普通员工去做，但是这名员工的工作能力一般，王先生把工作交给他，自己又不放心。无可奈何之下，王先生只能尽可能地处理手头的工作，往往是刚刚完成一个，另一个便接踵而至，似乎工作永远没有做完的时候，总是有一堆的工作等着他去做。于是，在上班的时间内，王先生总是忙碌的，一分钟也闲不下来。

由于该部门的事情总是由王先生忙前忙后，以至于出现了这样一种现象：只要是与该部门有关的事情，找王先生就可以了。于是，一个部门里的三个人，经理整日里优哉游哉，员工无所事事，只有王先生一个人忙个不停。

公司每年都会在年末的时候，对各部门的工作进行奖评。王先生所在的部门获得了5万元的奖励。经理分得奖金3万元，王先生和另一名员工平分剩余的两万元。这让王先生内心非常不平衡。自己整日里忙得像个陀螺，总是没有清闲的时候，才挣1万元的奖金。再看看另外两个人总是清闲度日，却能轻轻松松地拿到奖金。这算什么事儿呢？不过，王先生再转念一想，算了，自己虽然工作得辛苦些，好歹年终的时候还能拿得到奖金。如果自己也像另外两个人那样，这个部门不就没人干活了吗？真要是出现那种情况，能保住工作就已经不错了，哪里还有奖金可拿？于是，王先生出于责任和大局的考虑，只能继续任劳任怨地工作。

很显然，只要出现团队合作的工作，就会出现不同程度的"搭便车"现象，像王先生这样的"大猪"和类似李先生这样的"小猪"就必定存在，这是一个无法避免的问题。而且，对于曾经长时间合作的人来说，由于大家都熟悉各自的行事作风，这种情况就可能更为突出。于是，"大猪"出于对工作全局的考虑，必定会尽全力完成工作。"小猪"则搭乘顺风车，装作努力工作的样子，实则借机投机取巧，分享"大猪"的工作成果。

其实，我们心里都很清楚。"小猪"在职场中的这种做法不是长久之计。俗话说："路遥知马力，日久见人心。"大多时候，"小猪"

✿ 办公室中的"智猪博弈"

> 办公室里有一种人，他们就如智猪博弈中的大猪，如田地里的老黄牛，闷头苦干换来的却是别人的升职加薪。

我成天努力工作，老板看都不看我一眼。

我成天看报纸，找人聊天，搞好人际关系，照样升职加薪。

> 职场中这种现象并不少见，"大猪"付出了很多，却没有得到相应的回报。对于"大猪"来说最好的策略就是，既要做"大猪"，也要做"小猪"。

得到的只是一时的风光。毕竟，实力才是硬道理。一旦出现了新的合作关系，或是工作性质发生变化，不再是团队合作，那么"小猪"在实力上的弱点必定会暴露无遗。

作为一个管理者来说，职场"搭便车"的现象不会给公司的发展带来任何的助力，只会起到不好的作用。要想趋利避害，尽量从根本上避免这类情况的出现，管理者必须在整体的管理上下工夫。比如说，应该制定合理化的制度，使员工的职责细化，让每一个员工都能明确自身所承担的责任，增强员工的工作责任感。与此同时，要时时关注自己的员工，对他们的实际能力和工作表现作出客观的评定。要让员工感到自己的付出能获得相应的回报。对那些的确有能力的员工提供施展自己的平台，增强员工的归属感。此外，通过赏罚分明的奖励机制，增强员工之间公平竞争的意识，提高员工的工作热情。在"优胜劣汰"的原则基础上，让那些习惯"搭便车"、坐享其成的"小猪"远离团队合作。

"小猪"的做法虽然有种种弊端，但是对于一个聪明的工作者来说，努力做一只具有实力、勤奋工作的"大猪"是必须的。不过，在合适的时候，偶尔做一次借力使力的"小猪"也未尝不可，只要把握好"度"和时机即可。

富人就应该多纳税

在前面的章节中，我们曾提到过"占有资源越多，承担的义务越多"这一观点。例如很多大公司经常会在公共事业方面进行一定的投资。如果稍加留意会发现，这些由大公司出资建设的公共设施有时刚好涉及这些公司的切身利益。

在美国，一些主要的航道上都建有不少为夜间航行提供照明的灯塔。要知道，这些灯塔的建造者不是美国政府，而是那些大型的航运公司。因为这些大型航运公司的业务繁多，有不少需要夜间出航的班次。为了夜间航行的便利，在航道上建造一些灯塔非常有必要。

事实上，要在这些主航道上夜航的船只中，不仅有那些大公司的船只，还有一些小的航运公司的船只。不过，与积极主动采取行动的大公司不同，这些小公司对建造灯塔的活动并不热衷。理由很简单，因为建造灯塔需要投入大量的资金。对于收益不高的小公司来说，这笔支出远远高于灯塔建造好后给自己带来的收益。

但是，对于该行业的大公司来说，则刚好相反。设置灯塔后，航运的安全得到了保障，提高了航行的速度，缩短航行的时间，给公司带来的收益自然随之增加。所以，大公司认为这是极为划算的一笔投资，即使完全独自承担这笔费用，它们也是乐意为之。

于是，这项同行业都可以获得益处的公共设置就这样建造完成了。那些小公司搭乘大公司的便车，未出分文便享受到了灯塔给自己带来的收益。

也许会有人说，这种做法未免有失公平。不过，从获得利益多少的角度来看，我们会发现，只用"公平"两个字很难去界定这种情况。更何况"多劳"在很多时候是"多得者"心甘情愿的选择。

现在，在很多国家都推行的个人所得税上也体现着这一点。具体说来，就是对那些高收入的人群征收高额的税款，收入越高，税收的比率越高，然后将这些税款用于社会公共和福利事业。例如美国的个人所得税的最高税率在 20 世纪六七十年代高达 70%，在瑞典、芬兰这些北欧国家，最高税率甚至超过了 70%，被称为"高福利国家"。

但是，这种高额税率的个人所得税制度也存在着明显的弊端，因为它会严重影响人们的工作积极性，导致劳动者对努力工作产生抵触情绪。毕竟，在一个社会安定的国家，辛勤工作、努力争取更好生活的人群还是占大多数的，整日无所事事、游手好闲的人毕竟是少数。所以，在 20 世纪 90 年代的时候，这种个人所得税的最高税率得到了重新调整，并日趋合理。

另外，"占有资源多者，承担更多的义务"这种观点还体现在很多方面。再例如股份有限制、有限责任制等现代企业所采用的制度中，大股东和小股东的差异也是这种观点最为直观的体现。

依照股份制的要求，每一个股东都具有监督公司运营的义务。不过，这种监督需要投入大量的时间、精力和资金以获取相关的信息，并对公司的运营状况进行分析。这是一笔不小的开支。而且，我们也知道，在一个股份制的公司中，公司的赢利最终会按照占有股份的比例进行分配。大股东的收益多，小股东的收益少。因此，便造成这样一种局面：大股东和小股东在承担了这样一笔不小的监督开支后，在收益方面的差异会愈加明显。所以，小股东要么在承担监督费用后，获得较少的收益，要么不参与公司运营的监督，直接领取公司分配的收益。很明显，参与监督后，小股东的收益要减去监督的费用。不参与监督，便不存在因监督而产生的开支。两者比较之下，就导致小股东不会像大股东那样积极地参与对公司运营的监督。

富人为什么要多纳税

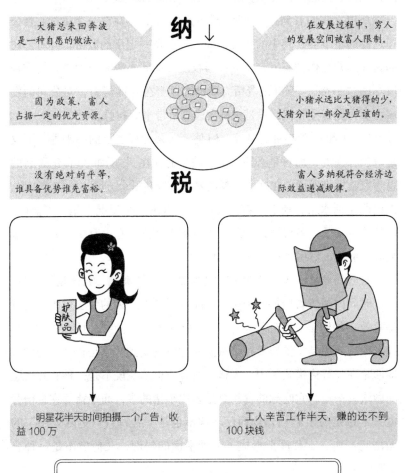

纳 ↓

大猪总来回奔波是一种自愿的做法。

在发展过程中，穷人的发展空间被富人限制。

因为政策，富人占据一定的优先资源。

小猪永远比大猪得的少，大猪分出一部分是应该的。

没有绝对的平等，谁具备优势谁先富裕。

富人多纳税符合经济边际效益递减规律。

税

明星花半天时间拍摄一个广告，收益100万

工人辛苦工作半天，赚的还不到100块钱

富人多纳税可以调节这种贫富差距

事实上，大股东非常清楚小股东是在搭自己的便车。但是，如果自己也像小股东那样不参与公司运营的监督，那么公司便会处于无人监管的境地，不利于公司的发展，也会影响到股东们的最终收益。在这种情况下，大股东们没有更好的措施，只好像"智猪模式"中的那只大猪一样，放任小股东们的这种做法，为了自己的最终利益来回奔波，独自承担起监督费用，履行自己对公司的运营义务。

所以，我们看到在一个股份制的公司中，会存在一个负责监督公司运营的董事会。其中的成员都拥有该公司一定量的股份，并对公司的具体运营操作拥有发言权和投票权。而那些小股东自然就是搭乘顺风车的"小猪"，不再花费精力和财力监督公司的经营，对公司的发展也不再拥有主导权，只是坐享大股东所带来的利益。

"不可能存在绝对的平等，但是，在某种程度上的不平等，不仅是应当存在的，而且是必须、不可缺少的存在。"正如20世纪著名的思想家哈耶克所说，在这个客观世界，无论在哪个方面，科技、知识、人们的生活水平，所有人都处在同一个水平或是境况中是不可能的，也是不现实的。就像要让一部人先富起来那样，总会有少数人走在多数人的前头，然后带动大部分人共同发展。

在经济学中，有一个叫作"边际效用"的概念，具体是说："在一定时间内消费者增加一个单位商品或服务所带来的新增效用，也就是总效用的增量。在经济学中，效用是指商品满足人的欲望的能力，或者说，效用是指消费者在消费商品时所感受到的满足程度。"其实，即便是在"智猪模式"中，大猪来回奔波也不能说不是一种心甘情愿的做法。毕竟，它吃到的食物总是要比小猪的多，而小猪等在食槽旁也只不过是为了吃到食物而已。这不也是一种符合"边际效用"的做法吗？在一定程度上形成了一种平衡的局面，又何尝不是一种公平呢？

名人效应

在社会中，由于名人们在一些领域所获得的成功，使得他们的一举一动都会受到人们的关注。这就使名人本身具有了某种程度的影响力，甚至是号召力。于是，名人的出现可能会起到"引人注意、强化事物、扩大影响"的作用，也非常容易引起人们对名人行为的盲目效仿。所以，从某种角度来说，名人以及名人所拥有的名望都可以被看作是一种资源。

事实上，古人在很早的时候就已经明白了这个道理。而且，有些还成为脍炙人口的故事流传下来。

东晋初年的名臣王导就深知运用"名人效应"之策。西晋末年，朝廷昏庸，各方势力蠢蠢欲动。王导意识到，国家在不久后必定会出现大规模的社会动荡。于是，他极力劝说琅琊王司马睿离开中原避祸，重新建立新的晋王朝政权。

司马睿听从了王导的主张，离开中原，南下来到当时的南京，开始建立自己的势力。但是，由于司马睿在西晋王族中既没有名望，也没有什么功绩，所以，当地的江南士族们对琅琊王的到来不理不睬，非常冷淡。

王导心里非常清楚，如果得不到这些江南士族的支持，司马睿就无法在这里站稳脚跟，更不要提建立政权的事了。当时，王导的兄长在南京附近的青州做刺史，已经在当地拥有了一定的势力。于是，王导找到王敦，希望他能帮助司马睿。

两人经过商讨决定在三月上巳节的时候，让司马睿在王敦、王导等北方士族名臣们的陪同下，盛装出游，以此来招揽当地一些有名望的人投靠，提高琅琊王在南方士族中的威望。

果不其然，琅琊王当天威仪尽显地出行，引来了江南名士纪瞻、顾荣等人的关注，他们纷纷停在路边参拜。后来，司马睿又在王导的建议下积极拉拢顾荣、纪瞻、贺循等当地的名士，并委以重任。渐渐地，越来越多的江南士族前来归附琅琊王。就这样，以南北士族为核心的东晋政权形成了。

　　由此可以看出，在东晋政权形成的过程中，王导的策略起到了关键性的作用。刚到南京的司马睿既无名也无功又无权，有的只是皇族的身份，而且还是皇族的支系。如果只靠自己打拼来积累名望的话，

名人营销策略

利用名人为产品做宣传，运用名人效应是商业营销中最常用、也最管用的做法。

以体育用品牌中的阿迪达斯来说，它的各类产品的广告代言人都是当下最受欢迎的大牌体育明星。可以说，这是阿迪达斯公司极具典型性的名人营销策略。

　　所以说，只要不损害他人的利益，"名人效应"这条策略就是一种双赢的选择。在让名人出尽风头的同时也让自己的产品出尽风头。当然，这其中的效益也是明显的。所以说，"名人效应"就是对智猪博弈模式中"小猪搭乘顺风车"策略的应用。

不知道要等到什么时候。而且，当时最迫切的问题就是如果得不到当地士族的支持，司马睿就有可能连安身之所都会失去。

王导的计策就妙在此处。他先是和其他追随在司马睿身边的北方名士一起，陪同司马睿出游，以此来提升司马睿在南方名士中的威望。这一招让南方的士族们意识到司马睿并非无名小辈。接下来，他又极力招揽当地的名士，让其归附司马睿。顾荣、纪瞻、贺循等人在当地非常有声望，对当地的士族和百姓也具有很强的号召力。这样一来，不仅提高了司马睿在整个江南一带的威望，还得到了当地人们的拥护。

王导成功应用名人效应的事件不是仅此一例。东晋建立后，又是王导再次应用该策略化解了东晋朝廷的经济危机。

刚刚建立东晋的时候，国库里根本没有银子，只有一些库存的白色绢布。这种白色绢布的市价非常便宜，一匹顶多卖几十个铜钱。这可急坏了朝廷的官员们。

后来，身为丞相王导想出了一个解决方法。他用白色的绢布做了一件衣服，无论是上朝还是走亲访友，只要走出家门就把这件衣服穿在身上。而后，他要求朝廷的官员也像自己一样，身着白色绢布制成的衣服。人们看到朝廷官员的穿着，也纷纷效仿。一时间，这种质地的衣服风靡了整个东晋。

这种情况必然对布匹的销售价格产生影响。结果布匹的销售价格一涨再涨，比原来的价格翻了几番。加之这种布匹平时的销路不好，商家的库存并不多，很快市场就出现了供不应求的状况。王导抓住时机，把朝廷库存的白色绢布分批出售，换回的银两充盈了国库。

假设，王导直接把库存的绢布拿到市面上卖掉，或许可以换回一些银子，但根据布匹的市场价格，换回的银子也肯定是少得可怜。当然，他也可以采用强制的方法，要求民间的商家和老百姓购买这些绢布。"民不和官斗"，这些布匹肯定也能换回银子，只不过这种做法必定会招致老百姓的不满和怨恨。

他所采用的这种做法非常高明，这也是"名人效应"的应用。朝廷的官员既有身份又有地位，他们的言行举止都是老百姓关注的焦点。让他们出行时穿上白色绢布制成的衣服，在无形中提升了这种布料的价值以及老百姓对它的认同感。王导正是利用了官员对百姓们的影响力和号召力，让百姓们自己主动去购买白色绢布。在老百姓心甘情愿的情况下，轻松地解决了国库空虚的难题。

奥运会：从"烫手山芋"到"香饽饽"

现在奥运会的巨大赢利让人很难想到，在几十年前举办一届奥运会却是一笔赔本的买卖。与现在申办者竞争激烈的情况不同，当时很多国家都不愿意承办奥运会，以至于在提交承办1984年奥运申请的时候，只有美国的洛杉矶一个申办者了。

这是怎么回事呢？原来，加拿大蒙特利尔在承办1976年第21届奥运会的时候，出现了巨大的亏损。举办一届奥运会需要针对各种体育项目建造各种体育场馆。按照蒙特利尔市奥委会原本的预算，场馆的建设费用只需28亿美元就够了。不过，在场馆建设的过程中，由于需要建设大型的综合性体育馆，举办方只得不断增加预算。最后，场馆的最终预算高达58亿美元。而且，由于管理不善，直到奥运会开幕的时候，一些场馆仍然处于建设状态，没有派上真正的用场。

奥运结束后，经过核算发现奥运会期间的实际组织费用也超支了1.3亿美元。短短15天的奥运会，给蒙特利尔市市政府带来的是24亿美元的负债。为了偿还这些债务，蒙特利尔市的市民被迫缴纳了最少20年的特殊税款。后来，人们把这次奥运会戏称为"蒙特利尔陷阱"。

当时，不少准备申办的城市在看到蒙特利尔奥运会的情况后，便打消了承办奥运会的念头。这才导致了前文中出现的情况：只有洛杉矶一个城市要求承办1984年奥运会。

彼得·尤伯罗斯是1984年洛杉矶奥运会的奥委会主席，就是这届奥运会的主要承办人。正是这位北美第二大旅游公司的前任总裁，让奥运会从"烫手山芋"变成了"香饽饽"。

事实上，彼得·尤伯罗斯当时面临的情况也非常艰难。由于前两届奥运会的亏损状况，加利福尼亚洲不允许在本州内发行奥运彩票；洛杉矶市政府拒绝向奥委会提供公共基金；不能积极争取公众捐赠，即使出现捐赠，也必须让美国奥委会和慈善机构优先接受。更让人瞠目结舌的情况是，洛杉矶奥委会竟然租不到合适的办公地点，因为房主担心他们不能付清房租而拒绝提供出租。

在这种举步维艰的境况下，彼得·尤伯罗斯不但没有退缩，反而向公众宣布：政府不需要为洛杉矶奥运会支出一分钱的经费。不但如此，彼得·尤伯罗斯还承诺，本届奥运会将至少获得 2 亿美元的纯利润。此言一出，引起了大众的一片哗然。众人都认为彼得·尤伯罗斯是疯了，都等着看他的笑话。

俗话说，"巧妇难为无米之炊。"那么，彼得·尤伯罗斯这位"巧妇"到哪里去找那么多的"米"呢？彼得·尤伯罗斯想到了奥运会的电视转播权。对于普通民众来说，奥运会的参赛国家越多，比赛的激烈程度就越高，比赛的观赏性就越强。于是，彼得·尤伯罗斯派出了很多专业人士，去游说各国的领导人，希望能够派体育代表团参加奥运会。

不过，由于当时的国际局势，前苏联宣布拒绝参加该届奥运会。幸运的是，彼得·尤伯罗斯的请求得到中国政府的应允。中国首次派体育代表团参加奥运会，这成为那届奥运会的重要看点之一。最终，彼得·尤伯罗斯获得了总计 2.4 亿美元的电视转播权的转让费。仅是广告的转播权就为洛杉矶奥委会带来了 2000 万美元的收益。

同时，彼得·尤伯罗斯又在奥运会赞助商的这个问题上大做文章。其实，早在奥运会刚开始筹备的时候，尤伯罗斯的手头就已经收罗了一万多家能成为奥运会赞助商的企业。在此之前，往届的奥运会也存在赞助商，只不过每个赞助商所提供的赞助费都一样。尤伯罗斯觉得，如果按照以往的做法，从赞助商那里获得的资金非常有限。如何从这些赞助商的口袋里掏出最多的钱，是尤伯罗斯考虑的重点。

多年从商经验帮了他的大忙，尤伯罗斯很自然地想到了商业中的竞争机制。于是，洛杉矶奥委会对外宣布了针对赞助商的规定：第一，

🌀 奥运会的经济价值

对于举办国来说，奥运会不仅能向世界展示本国的实力、提升自己的国际形象，还能带来一大笔财富。

奥运会电视转播权收入：是迄今为止奥林匹克运动最大的一笔单项收入来源。

奥林匹克特许经营权：是特许经营人透过与奥林匹克知识产权人签署特许经营合同，并向其支付特许权使用费而取得在其商品上使用奥林匹克标志、徽记、吉祥物等奥林匹克标识的权利。

我们一起去看奥运会开幕式吧。

真的？太好了！

奥运会的门票销售：奥运会门票是主办奥运会重要的收入之一。

该届奥运会只有 30 个赞助商的资格。生产同类产品的商家，只能有一家成为赞助商。第二，每个赞助商所提供的赞助金不得低于 400 万美元。

这个消息一经公布，立即在商业领域掀起了轩然大波。"同类产品只选一家"的规定激起了那些实力强劲的商家一较高下的念头。于是，各大商家展开了激烈的竞争。先是在软饮料的竞争中，可口可乐面对主要竞争对手百事可乐，把自己的赞助费提到了 1260 万美元，最终成为了第一位赞助商。

可以说，在筹集这届奥运会经费的过程中，尤伯罗斯就像"小猪"那样，采取了"搭便车"的策略。参加赞助商资格竞争的企业几乎都是该行业的佼佼者，自身就具有强劲的实力，又有品牌支撑。这样，企业之间的竞争，给奥运会带来的直接效益就是能够获得更多的资金。此外，名牌企业的激烈竞争也在无形中提高了民众对奥运会的关注程度。民众对奥运会的关注度高，就会有更多的人观看电视上的赛况转播。这一情况又给奥运会的电视转播权的转让增加了砝码。于是，就像滚雪球一样，以尤伯罗斯为首的洛杉矶奥委会得到的收益也越来越多。

就这样，在尤伯罗斯倡导的商业运作模式和竞争机制的带动下，洛杉矶奥运会不仅没有花费政府一分钱，反而最终获得了 2.36 亿美元的实际收益。洛杉矶奥运会不仅解决了举办现代奥运会的经济问题，改变了"举办奥运会就赔钱"的状况，还完成了近代奥运会的"商业革命"，成为近代奥运会历史上的里程碑。

学会隐忍

无论是在自然界中，还是在人类世界中，都不存在绝对的平等。世界上的万事万物在实力上必定存在强弱之分，而且，强者和弱者必定是同时存在的，达到一种微妙的平衡。那么，弱者要如何与强者共存呢？

我们常说，"一个人的忍耐是有限度的。"这里所说的"限度"就是当强者与弱者共存时，必须要注意的一个关键因素。无论是强者还是弱者，都存在一个承受的极限。一旦突破了承受的极限，那么这种共存情况就会被打破。

以智猪博弈来说，小猪相对于大猪来说，就是一个弱者，大猪则是强者。大猪虽然需要为了食物来回奔波，小猪只需要坐享其成。但是，两者还是在这一模式下实现了共存。这是为什么呢？原因就在于大猪和小猪都能吃到食物。对于大猪和小猪来说，"吃到食物"就是它们共存的底线。假如，小猪"欺人太甚"，让大猪吃不到食物。那么，大猪和小猪就会为了争夺食物在猪圈里产生争斗。

事实上，除非强者有消灭弱者的打算，否则的话，强者并不希望自己陷入与弱者的争斗中。因为，不管弱者的实力多么的弱小，它仍然具有一定的实力，有能力对强者造成损害。即便强者的实力可以将弱者消灭殆尽，也无法避免自己在与弱者的对抗中蒙受损失。只不过损失的程度可能和弱者的实力存在一些必然的联系。

所以说，在某种条件下，共存是强者和弱者的共同愿望。

弱者和强者的共存可以通过以下 3 个基本条件来实现：

（1）一旦弱者和强者陷入争斗时，弱者的实力必须能在冲突中对强者造成一定程度的伤害。而且，这种伤害的程度要在效果上大于强者所能忍受的底线。

（2）弱者拥有一定的实力，能对强者形成一定的威胁，而且这种威胁能够长久保持。

（3）无论是强者还是弱者都要对上面的两个条件达成共识。

第一个条件可以说是对弱者实力的要求。假如弱者的实力低于这个要求，那么强者在平衡利弊之后，可能会选择直接消灭弱者。那么，所谓的共存也就无从谈起了。当然，具体情况具体分析，弱者的具体的最低实力情况要根据与其共存的强者实力。所以，第一个条件是弱

弱者和强者共存的基本条件

者能够生存下来的必要条件。

第二个条件则是弱者与强者共存的必要条件之一。一旦弱者的实力对强者构成威胁，那么，强者就会有所防备，但是不会轻易出击，除非这个威胁超过了强者的忍耐极限。如果强者出击，弱者的实力无法支撑，或是被直接摧毁，那么弱者与强者之间的共存必将不复存在。从某种程度上来说，这个条件就是说一旦弱者受到强者的攻击后，不仅要能撑得住，也要具有一定的"报复实力"。

第三个条件可以说是两者达成的共识。当强者知道弱者具有伤害自己的实力，且这种伤害会大于自己的忍受底线，同时还有可能具有反击能力的时候，强者就不会随便出击，打算消灭弱者。

1667年，康熙在登基6年后，开始亲政，逐渐收拢分散在四位辅政大臣手中的权力。同一年，首辅大臣索尼去世。四位辅政大臣就只剩下了鳌拜、苏克萨哈和遏必隆。

鳌拜根本没把已经亲政的康熙皇帝放在眼里。在他看来，康熙皇帝还只是一个"黄毛小子"。而且，已经尝到了掌握权力甜头的鳌拜，自索尼去世以后，他的野心进一步膨胀，想越过苏克萨哈和遏必隆，占据索尼的位置，进而成为宰相，掌握更多的权力，丝毫没有把权力归还给康熙的意思。

于是，他拉拢苏克萨哈推荐自己做首辅大臣。不曾想，苏克萨哈不仅没有答应他的要求，反而上奏康熙，请求解除自己辅臣的职务。这就意味着鳌拜、遏必隆两人也要辞职交权。鳌拜和苏克萨哈之间本来就有些旧怨。旧根新仇之下，鳌拜伙同自己的党羽给苏克萨哈罗织了24项罪名，逼迫康熙皇帝处死苏克萨哈以及族人。

康熙皇帝心里很清楚，苏克萨哈遭到了鳌拜等人的构陷，不该被杀。但是，此时鳌拜把持了朝政，自己无力与之抗衡。于是，康熙皇帝只能眼睁睁地看着苏克萨哈以及族人被斩杀。

四位辅政大臣中，索尼已故，苏克萨哈被杀，只剩下一个无足轻重的遏必隆。此后，鳌拜行事更加肆无忌惮，为所欲为。康熙决心除去鳌拜，但是两者之间实力相差太大。康熙只能隐忍下来，他不露声色地任命索额图为一等侍卫，又挑选了一批身强力壮的亲贵子弟在宫内陪自己练习摔跤，以此为乐。他装出一副少年皇帝喜欢游乐的样子，减弱鳌拜的戒备之心，等待铲除鳌拜及其党羽的最佳时机。鳌拜以为皇帝年少，沉迷嬉乐，见此情景，不仅不以为意，心中还暗自高兴。

1669年，经过一段时间的准备，清除鳌拜的时机终于到来。康熙先是把鳌拜的亲信派往各地，并掌握了京城的卫戍权，接着召集身边练习摔跤的少年侍卫设好埋伏，然后宣召鳌拜入宫觐见。鳌拜毫不知情，像往常一样入宫，康熙皇帝一声令下，少年侍卫们一拥而上，鳌拜猝不及防，被摔倒在地，束手就擒。

最终，鳌拜被宣布犯下了30条罪行。他的党羽或是被处死或是被革除了官职。康熙念及鳌拜过去的功勋，免除死罪，将其终生监禁。没过多久，鳌拜在监牢中死去。

在现实生活中，没有人永远是强者，也没有人永远是弱者。当我们处在弱势地位的时候，就要像康熙皇帝这样，学会与强者共存。面对强者，要学会暂时隐忍、退避，不要做出螳臂当车那样的愚蠢举动，尽量避免与强者出现贸然的正面交锋。先保全自己，潜伏下来，苦练内功，等待以后"翻盘"的机会。

弱者如何战胜强者

在"智猪博弈"模式中，博弈者是大猪和小猪。如果就博弈者的实力而言，大猪是强者，小猪是弱者。但是从博弈的结果来看，胜利者却不是实力强大的大猪，而是实力弱小的小猪。所以，在某种程度上来说，智猪模式可以称得上是一场以弱胜强的博弈。

在智猪模式中，小猪最成功之处就在于它既没有来回奔波，付出辛苦的劳动，也没有承担任何的风险，只是待在原地就获得了大猪"心甘情愿"提供的食物。从上面的案例中，我们可以了解到"抓住博弈的关键点，集中发力"可以帮助博弈中的弱者战胜强者。但是弱者的实力毕竟有限，那么怎样才能让自己弱小的实力得到最大程度的发挥呢？

如果从矛盾的观点来说，博弈中的强者和弱者就形成了一组矛盾。在通常情况下，决定矛盾发展方向的往往是强者。不过，强者的主导性并非是绝对的，而是相对的。因为，在某种特定的条件下，弱者可以通过借力的方法实现逆转，以弱胜强，从而获得主导权。

例如，一些小公司因为起步晚、资金少，要想让自己的产品一夜成名，就必须采取非常规的举措。如果不能对抗，那就倚靠，借力打力。在市场中肯定存在与自己生产同类产品的大企业。大企业同样需要宣传自己的产品。这时，小企业只要借助大企业的宣传就可以把自己的产品推向市场。只要产品质量过关，必定可以借大企业的宣传，直接上位。其中，金利来领带成为名牌产品的经历就是小企业借力打力的典型案例。

现在，无论是在香港还是在内地，金利来都已经是家喻户晓的知名品牌了。不过，当年曾宪梓在香港开始创业的时候，金利来只是一家专门制作领带的家庭式小作坊。在领带制作工艺方面积累了一定经验后，曾宪梓发现了当时香港领带产品的一种现象：在当时的香港领带市场中，能够实现高价位的产品也只有那些外国的名牌产品。曾宪梓由此开始思考一个问题，如何才能让自己的产品也跻身于这些名牌之列呢？

首先，他意识到要对这些名品的情况有所了解。于是，他购买了一些国外知名品牌的领带，从布料的选材、质地以及样式等方面做了大量的功课，进行了认真详细的研究。在充分了解了这些名牌产品后，曾宪梓决定以这些外国名牌产品为样板，选用国外进口的优质布料，开始以手工的形式，制作一批领带。然后，他把这批领带和国外的名牌领带完全掺杂在一起，邀请一些行业的专家来进行鉴别。结果，这些专家根本分辨不出两者之间的差别。这样的鉴别结果让曾宪梓喜出望外。他立即带着自己的产品，到各大商场中联系销售业务。由于金利来领带的质量好，商场把它放进了外国名牌领带的展柜中。由此，金利来领带进入了名牌产品的行列。

我们知道，智猪博弈是博弈论中的一种模式，它所表现出来的毕竟只是一种理想化的博弈环境。我们虽然可以在智猪模式的应用和扩展中，使用借力打力的策略，然而，现实中的博弈环境往往是复杂而多变的。所以，在强弱对峙的博弈中，弱势的博弈者可能就要在迫不得已的时候，采用借力打力的极端方式，采用反间计，借刀杀人。

1626年，努尔哈赤领兵13万，进攻宁远。努尔哈赤一生打了无数的胜仗，结果在宁远却败在了袁崇焕的手中，被迫退回沈阳。努尔哈赤在重伤中抱恨而亡。皇太极也因此与袁崇焕结下了怨恨。

第二年，皇太极亲自带兵南下，向明朝进军。结果，袁崇焕先是在宁远击退了皇太极的部队。而后，又在锦州彻底打败了后金军队。连续的失利让后金元气大损，这让皇太极更加怨恨袁崇焕，简直是恨之入骨。

皇太极没有就此罢休。在军队经过休整后，他于1629年绕道蒙古，率领几十万大军直逼北京城。袁崇焕则带兵赶回北京截击皇太极的军队。于是，这对老冤家又碰上了。

皇太极深知袁崇焕精通兵法，是一员猛将。一向战无不胜、攻无不克的精锐军队数次在袁崇焕这里吃了败仗。明朝的军队有他在，自己获胜的几率就不大。于是，皇太极决定利用崇祯皇帝的多疑，使用计策除掉袁崇焕。

他派人收买一些魏忠贤的余党，在北京城内散布谣言，说袁崇焕通敌。与此同时，他让看守明朝俘虏的士兵在俘虏面前故意泄露一些假消息，虚构一些袁崇焕通敌的细节。而后，再故意放走一些俘虏。

其中一名俘虏逃回北京后，把自己听到的事情告诉了崇祯皇帝。崇祯皇帝原本就因为之前的谣言，对袁崇焕心存怀疑。听了俘虏带回的信息，崇祯皇帝对袁崇焕通敌的事情深信不疑。他立即传唤袁崇焕进宫，在没有做过多质询的情况下，就将袁崇焕打入了大牢。

第二年，袁崇焕在北京被杀。就此，皇太极除掉了袁崇焕这个最大的敌人，为后来清军入主中原扫清了阻碍。

其实从严格意义上来说，皇太极并不算是真正的弱者，毕竟他自身就具有相当强的实力。但是，在与袁崇焕的这场较量中，皇太极是处于弱势的一方。如果他继续与袁崇焕正面交锋，也许会有取胜的可能，但是自己的实力也会受到损伤。不过，他在意识到这场角逐的关键就是除掉袁崇焕后，就采用借刀杀人之计，轻轻松松地赢得了这场博弈。

第六章
猎鹿博弈

猎鹿模式：选择吃鹿还是吃兔

猎鹿博弈最早可以追溯到法国著名启蒙思想家卢梭的《论人类不平等的起源和基础》。在这部伟大的著作中，卢梭描述了一个个体背叛对集体合作起阻碍作用的过程。后来，人们逐渐认识到这个过程对现实生活所起的作用，便对其更加重视，并将其称之为"猎鹿博弈"。

猎鹿博弈的原型是这样的：从前的某个村庄住着两个出色的猎人，他们靠打猎为生，在日复一日的打猎生活中练就出一身强大的本领。一天，他们两个人外出打猎，可能是那天运气太好，进山不久就发现了一头梅花鹿。他们都很高兴，于是就商量要一起抓住梅花鹿。当时的情况是，他们只要把梅花鹿可能逃跑的两个路口堵死，那么梅花鹿便会成为瓮中之鳖，无处可逃。当然，这要求他们必须齐心协力，如果他们中的任何一人放弃围捕，那么梅花鹿就能够成功逃脱，他们也将会一无所获。

正当这两个人在为抓捕梅花鹿而努力时，突然一群兔子从路上跑过。如果猎人之中的一人去抓兔子，那么每人可以抓到 4 只。由所得利益大小来看，一只梅花鹿可以让他们每个人吃 10 天，而 4 只兔子可以让他们每人吃 4 天。这场博弈的矩阵图表示如下：

第一种情况：两个猎人都抓兔子，结果他们都能吃饱 4 天，即（4，4）。

		猎人甲	
		猎兔	猎鹿
猎人乙	猎兔	（4，4）	（4，0）
	猎鹿	（0，4）	（10，10）

第二种情况：猎人甲抓兔子，猎人乙打梅花鹿，结果猎人甲可以吃饱 4 天，猎人乙什么都没有得到，即（0，4）。

第三种情况：猎人甲打梅花鹿，猎人乙抓兔子，结果是猎人乙可以吃饱 4 天，猎人甲一无所获，即（4，0）。

第四种情况：两个猎人精诚合作，一起抓捕梅花鹿，结果两个人都得到了梅花鹿，都可以吃饱 10 天，即（10，10）。

经过分析，我们可以发现，在这个矩阵中存在着两个"纳什均衡"：要么分别打兔子，每人吃饱 4 天；要么选择合作，每人可以吃饱 10 天。在这两种选择之中，后者对猎人来说无疑能够取得最大的利益。这也正是猎鹿博弈所要反映的问题，即合作能够带来最大的利益。

在现实生活中，凭借合作取得利益最大化的事例比比皆是。先让我们来看一下阿姆卡公司走合作科研之路击败通用电气和西屋电气的故事。

在阿姆卡公司刚刚成立之时，通用电气和西屋电气是美国电气行业的领头羊，它们在整体实力上要远远超过阿姆卡公司。但是，中等规模的阿姆卡公司并不甘心臣服于行业中的两大巨头，而是积极寻找机会打败它们。

阿姆卡公司秘密搜集来的商业信息情报显示，通用和西屋都在着手研制超低铁省电矽钢片这一技术，从科研实力的角度来看，阿姆卡公司要远远落后于那两家公司，如果选择贸然投资，结果必然会损失惨重。此时，阿姆卡公司通过商业情报了解到，日本的新日铁公司也对研制这种新产品产生了浓厚的兴趣，更重要的是它还具备最先进的激光束处理技术。于是，阿姆卡公司与新日铁公司合作，走联合研制的道路，比原计划提前半年研制出低铁省电矽钢片，而通用和西屋电气研制周期却要长了至少一年。正是这个时间差让阿姆卡公司抢占了大部分的市场，这个中等规模的小公司一跃成为电气行业一股重要的力量。与此同时，它的合作伙伴也获得了长足的发展。2000 年，阿

猎鹿博弈中的合作共赢

> 在猎鹿博弈中，两人一起打鹿比各自为政的好处要多，无论是在工作中，还是在生活中，合作双赢的可能性是存在的。

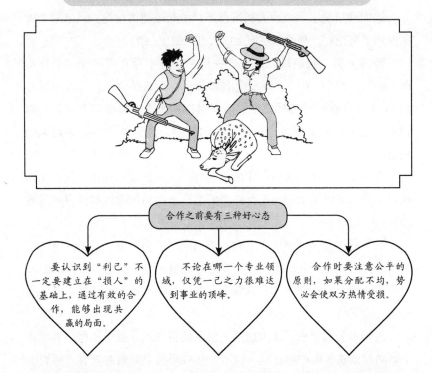

合作之前要有三种好心态

要认识到"利己"不一定要建立在"损人"的基础上，通过有效的合作，能够出现共赢的局面。

不论在哪一个专业领域，仅凭一己之力很难达到事业的顶峰。

合作时要注意公平的原则，如果分配不均，势必会使双方热情受损。

姆卡公司又一次因为与别人合作开发空间站使用的特种轻型钢材获得了巨额的订单，从而成为电气行业的新贵，通用和西屋这两家电气公司被它远远地甩在了身后。

在这个故事中，阿姆卡公司正是选择了与别人合作才打败了通用电气和西屋电气，从而使它和它的合作伙伴都获得了利益。如果阿姆卡在激烈的竞争中没有选择与别人合作，那么凭借它的实力，要想在很短的时间内打败美国电气行业的两大巨头，简直比登天还难。而日本新日铁公司尽管拥有技术上的优势，但是仅凭它自己的力量，想要取得成功也是相当困难的。

帕累托效率

帕累托优势有一个准则，即帕累托效率准则：经济的效率体现于配置社会资源以改善人们的境况，特别要看资源是否已经被充分利用。如果资源已经被充分利用，要想再改善我就必须损害你，或者改善你就必须损害我。一句话，如果要想再改善任何人都必须损害别人，这时候就说一个经济已经实现了帕累托效率最优。相反，如果还可以在不损害别人的情况下改善任何一个人，就认为经济资源尚未充分利用，就不能说已经达到帕累托效率最优。

效率指资源配置已达到任何重新改变资源配置的方式都不可能使一部分人在不损害别人的情况下受益的状态。人们把这一资源配置的状态称为"帕累托最优"（Pareto optimum）状态，或者"帕累托有效"（Pareto efficient）。

在猎鹿博弈中，两人合作猎鹿的收益（10，10）对分别猎兔（4，4）具有帕累托优势。两个猎人的收益由原来的（4，4）变成了（10，10），因此我们称他们的境况得到了帕累托改善。帕累托改善是指各方的境况都不受损害的改善，是各方都认同的改善。

猎鹿博弈的模型是从双方平均分配猎物的立场考虑问题，即两个猎人的能力和贡献是相等的。可是，实际情况要复杂得多。如果两个猎人的能力并不相等，而是一个强一个弱，那么分配的结果就可能是（15，5）或者（14，6）。但无论如何，那个能力较差的猎人的收益至少比他独自打猎的收益要多，如果不是这样，他就没有必要和别人合作了。

如果合作的结果是（17，3）或者（18，2），相对于两个猎人分别猎兔的（4，4）就没有帕累托优势。这是因为2和3都比4要小，在这种情况下，猎人乙的利益受到了损害。所以，我们不能把这种情况看作得到了帕累托改善。

目前，像跨国汽车公司合作这种企业之间强强联合的发展战略成为世界普遍流行的模式，这种模式就接近于猎鹿模型的帕累托改善。这种强强联合的模式可以为企业带来诸多好处，比如资金优势、技术优势，这些优势能够使得它们在日益激烈的竞争中处于领先地位。

猎鹿博弈模型是以猎人双方平均分配猎物为前提的，所以前面我们对猎鹿模型的讨论，只停留在整体利益最大化方面，但却忽略了利

🌀 什么是帕累托优势

在猎鹿博弈模式中，出现了两个"纳什均衡"，即（4,4）和（10,10）。两个"纳什均衡"代表了两个可能的结局，但是无法确定两种结局中哪一个会真正发生。

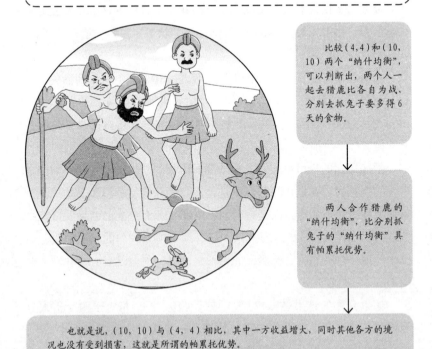

比较（4,4）和（10,10）两个"纳什均衡"，可以判断出，两个人一起去猎鹿比各自为战、分别去抓兔子要多得6天的食物。

两人合作猎鹿的"纳什均衡"，比分别抓兔子的"纳什均衡"具有帕累托优势。

也就是说，（10,10）与（4,4）相比，其中一方收益增大，同时其他各方的境况也没有受到损害，这就是所谓的帕累托优势。

益的分配问题。

帕累托效率在利益的分配问题上体现得十分明显。

我们假设两个猎人的狩猎水平并不相同，而是猎人甲要高于猎人乙，但猎人乙的身份却比猎人甲要高贵得多，拥有分配猎物的权力。那样，又会出现什么局面呢？不难猜出，猎人乙一定不会和猎人甲平均分配猎物，而是分给猎人甲一小部分，可能只是 3 天的梅花鹿肉，而猎人乙则会得到 17 天的梅花鹿肉。

在这种情况下，虽然两个猎人的合作使得整体效率得到提高，但却不是帕累托改善，因为整体效率的提高并没有给猎人甲带来好处，反而还损害了他的利益。（3，17）确实比（4，4）的总体效益要高，但是对于其中一方来说，个体利益并没有随之增加，反而是减少。我们再大胆假设一下，猎人乙凭借手中的特权逼迫猎人甲与他合作，猎人甲虽然表面同意，但在他心里一定会有诸多抱怨，因此当他们一起合作时，整体效率就会大打折扣。

如果我们把狩猎者的范围扩大，变成多人狩猎博弈，根据分配，他们可以被分成既得利益集团与弱势群体。

在 20 世纪 90 年代中期以前，我国改革的进程一直是一种帕累托改善的过程。但是，由于受到各种复杂的不确定因素的影响，贫富之间的差距逐渐被拉大，帕累托改善的过程受到干扰。如果任由这种情况继续下去，那么社会稳定和改革深化都会受到严峻的挑战。在危急时刻，国家和政府把注意力集中到弱势群体的生存状态上来，及时地提出建设和谐社会的目标，把改革拉回到健康的发展轨道之中。

如果我们用帕累托效率来看社会公德建设问题，我们就会发现一些值得深思的问题。

在一般人看来，做好事属于道德问题，不应该要求回报。但是经济学家并不这样认为。他们的观点是，做好事是促进人群福利的行为（经济学称之为"有效率"的行为），这种行为必须要受到鼓励。而且，只有对做好事的人进行鼓励才能促进社会福利的提高。从人的本性来看，最好的鼓励方式就是给予报酬。

可能有些人难以接受，甚至完全反对这种观点，其实孔老夫子早在两千年前就提出过这个问题。

春秋时期，鲁国有一条法律规定，如果鲁国人到其他国家去，发现自己的同胞沦为奴隶，那么他可以花钱把自己的同胞赎回来，归国之后去国库报销赎人所花的钱。孔子的徒弟子贡因为机缘巧合，赎回来一个鲁国人，但因为他经常听老师讲"仁义"，认为如果去国库领钱就违背了老师的教诲，所以就没有去国库领钱。孔子闻知此

❧ 用帕累托效率来看社会法律建设问题

不遵守法律得到相应的处罚很轻，那么大多数人会选择不遵守，比如闯红灯问题。因为大多数情况下，闯红灯没有受到法律的惩罚，所以很多人选择不遵守。

不遵守是最优策略

遵守法律应该看作是国家的公共约定。但是遵守法律若是得不到好处，那么人们也会自动违背法律。

遵守是最优策略

事后，面有愠色地对子贡说："子贡，你为什么不去领补偿？我知道你追求仁义，也不缺这点钱，但是你知道你的做法会带来什么样的后果吗？别人知道你自己掏钱救人后，都会赞扬你品德高尚，但今后有人在别的国家看见自己的同胞沦落为奴隶，他该怎么去做呢？他可能会想，我是垫钱还是不垫？如果垫钱赎人，回国后又去不去国库报销？如果不去报销，自己的钱岂不是打了水漂？如果去报销，那别人岂不是讥笑自己是品德不够高尚的小人？这些问题会让本来打算解救自己同胞的人束手不管的，如此一来，那些在别的国家沦落为奴隶需要解救的人岂不是因为你的高尚品德而遭殃了？"子贡听后觉得孔子的话很有道理，于是就去国库把属于自己的钱领了回来。

从这件事情可以看出，孔子虽然讲"仁义"，但并未拘泥于"仁义"，而是从社会的角度考虑做事的方法和原则。他认为，如果德行善举得不到报偿，那么大多数人就不会去行善，只有少数有钱的人才会把行善当成一种做不做两可的事情，因此行善就不会成为一种风气，一种社会公德。善举得到回报会激励更多的人去做好事，将会使更多的人得到别人的帮助。如果一个国家的人都这么做，那么这个国家的生存环境将会得到明显的改善。

从博弈论的角度来说，做好事得到回报才是帕累托效率最优，对行善者和社会大众来说才是最佳选择，社会福利才能得到最大的改善。这正是经济学家们坚持做好事要有回报的观点的来源。

合作是取胜的法宝

战国时期的一则寓言能很好地说明这个问题。

公石师和甲父史同在越国某地为官。他们的交情很好，但性格却完全不同。一个处事果断，但缺少心计，经常因为疏忽大意而犯错；另一个做事优柔寡断，但却善于计谋。正是因为他们能够相互取长

博弈参与者的决策组合

在一个博弈里，参与者的决策一般来说会有 4 种组合。

1 参与者全部采取合作的方式，对集体来说，这是一个最优的决策。

2 采取不合作的方式，但却能获得最大的个人收益，这一决策对个人来说是最优的。

3 当别人采取不合作的态度时，自己却选择合作，这种情况无论是对个人，还是对集体来说都不是最优决策，所以基本上不会出现。

4 全部参与者都选择背叛，对集体来说，这是最坏的结果，同时对个人而言，也可能是最坏的结果。

补短，所以无论干什么事都能够成功。某天，他们因为一件小事引起冲突，结果大吵了一架，吵完之后就谁也不理谁了。可是，两个人分开之后，因为缺少了另外一个人的帮助，所以做事总是无法成功。密须是公石师的下属，他看到这种情况痛心不已，于是就想劝他们重归于好。一个偶然的机会，他对公石师和甲父史讲了个有趣的故事：

有一种带有螺壳的共栖动物，名字叫作琐蛄。因为它的腹部很空，所以寄生蟹就住在里面。当琐蛄饥饿之时，寄生蟹就会出去寻找食物。琐蛄靠着寄生蟹的食物而生存，寄生蟹凭借琐蛄的腹部而安居。水母没有眼睛，于是就与虾合作，靠虾来带路，作为回报，虾可以分享水母的食物。它们互相储存，缺一不可。蟨鼠是一种前足短、善于觅食而不善于爬行的动物，有一种叫作卭卭岠虚的动物，它与蟨鼠正好相反，四条腿很长，善于奔跑却不善于觅食。于是它们联合在一起，平时卭卭岠虚靠蟨鼠养活，一旦遭遇劫难，卭卭岠虚则背着蟨鼠迅速逃跑。

讲完这个故事后，密须对公石师和甲父史说："现在你们就像故事中的比肩人一样，既然你们分开后做事总是不能成功，那么为什么不能像以前那样合作呢？"公石师和甲父史觉得密须的话讲得非常有道理，于是就重归于好了，还像以前那样合作办事。

这则寓言指出，在竞争日益激烈的环境之下，只有团结协作、取长补短，才能获得成功。

下面再来看一下"幸存者"游戏带来的人生启示。

所谓"幸存者"游戏，是指美国哥伦比亚广播公司（CBS）制作的电视游戏纪实片。在这个游戏中，从美国各地征集而来的16名参与者被集中在中国南海的一片海岸丛林里，并且与外界断绝所有联系的情况下，经过一段时间的淘汰，找出最后的"幸存者"。

游戏开始后，16人被分成两组，他们每隔3天就要进行一场团体比赛。获胜一方会获得豁免权或他们需要的食物，而失利一方中的一名成员将会被淘汰掉，淘汰的方法是全体投票选择。正是因为参赛双方都是为豁免权而拼搏，所以这个游戏又称作"豁免权比赛"。随着比赛的不断深入，遭到淘汰的人越来越多，当双方只剩下8个人的

哪些人更容易成为"幸存者"

一 诚实的人。诚实是别人信任你的基础，只有诚实的人别人才愿意与其合作。

二 不自私的人。自私的人到哪里都会受到别人的排斥，如果想让别人支持信任你，就必须多为团队的利益着想，多为团队作贡献，把你的能力充分表现出来。

三 警惕性高的人。危急时刻存在着，必须要时刻保持高度的警觉，时刻预防潜在的危险。

四 判断能力强的人。在游戏的开始阶段就要判断出哪支队伍更可能获胜，然后根据自己的判断加入其中。

时候，参赛的两组会并成一组继续淘汰，直到仅有一个人留下来，这个人也就是最后的"幸存者"，作为奖励，他将获得一笔价值可观的奖金。

　　熟悉游戏规则之后能够看出，这场所谓的"幸存者"游戏，其实就是一场人类生存博弈，只是它的范围要小一些。游戏的举办者的目的，也就是通过这场生存博弈，让处于生存压力之中的现代人明白群体博弈的道理。

　　从这个游戏规则中我们可以看出，这是一个零和博弈，"幸存者"只有一个人，其他的人都要被淘汰掉。我们还能够看出，这两组成员如果要保障自己在野外生存下来而又不被淘汰，既要与同伴合作，又要善于谋略。

　　在"幸存者"游戏中，首先被淘汰的会是哪些人呢？经过分析我们得知，主要有以下5种人：

　　第一种是有明显的缺陷的人。明显的缺陷对参加这个游戏的选手来说是相当不幸的，我们知道，这个游戏是在野外进行的，条件也是相当艰苦的，所以明显的缺陷会使选手的竞争力大打折扣，对于整个团队来说，首先淘汰这样的人是非常明智的选择。

　　第二种是善于说谎的人。说谎可以欺骗一两个人，但不能骗过团队所有人，当大家都知道他说谎的时候，也就是他离开的时候。

　　第三种是与团队成员缺乏必要的沟通和交流的人。如果一个人做事的能力差一些，但是他愿意和团队的成员多沟通与交流，那么他有可能在与大家的沟通与交流中获得灵感，从而帮助团队解决一些问题，这样的话，大家也会对他刮目相看。虽然他做事的能力相对差一些，但至少在游戏的前期不会遭到淘汰。相反，如果一个人与团队成员缺乏必要的沟通与交流，那么别人无法知道他的想法，自然也就无法与其顺利地合作下去。

　　第四种是投机分子。他们有能力为团队作出贡献，却什么也不做，整天只是无所事事却总盼望着坐享其成。

　　第五种是居功自傲、目中无人的人。他们自认为有过出色的表现，为团队作出过贡献，于是就不把别人放在眼里，置整个团队的利益于不顾，只想着表现自己。这种人因为能力比较强，所以在游戏的开始阶段对团队是有用的，但是，随着团队一步步向前发展，这种人便会越来越糟人讨厌，从而阻碍整个团队的发展，所以这种人将会是最后一批遭到淘汰的人。

当这个游戏只剩下 8 个参与者的时候，两个经历过磨难，艰难走过初创期，已经开始进入发展的团队将要合二为一。这个时候，双方会面临很多问题，甚至发生激烈的碰撞，特别是面对一个共同的竞争时，这种碰撞将会更加激烈。于是有些人为了能够继续生存下去，就会在暗地里搞一些见不得人的手段，这时我们称之为"阴谋"的东西也就诞生了。

在这个竞争激烈的游戏中，最终的"幸存者"会是什么样的人呢？

这个游戏的结果是，那些经验最丰富而善于谋略的人和最机智而年富力强的人将被留下。也许有人会问，这个游戏最后的"幸存者"只有一个人，你所回答的两种不同类型的人至少是两个人，这不符合游戏规则。对，这的确不符合游戏规则，但这个游戏的结果和很多群体博弈一样，最后的几名参与者的实力应该是不相上下的。至于谁能成为最终的也是唯一的"幸存者"，那只有看他们的运气了。

总之，这个"幸存者"游戏带给我们的启示就是，合作能够实现利益最大化，是获胜的法宝。

合作无界限

在一个小溪的旁边，长有三丛花草，有三群蜜蜂分别居住在这三丛花草中。有一个小伙子来到小溪边，他看到这几丛花草，认为它们没有什么用处，于是打算将它们铲除干净。

当小伙子动手铲第一丛花草的时候，一大群蜜蜂从花丛之中冲了出来，对着将要毁灭它们家园的小伙子大叫说："你为什么要毁灭我们的家园，我们是不会让你胡作非为的。"说完之后，有几个蜜蜂向小伙子发起了攻击，把小伙子的脸蜇了好几下。小伙子被激怒了，他点了一把火，把那丛花草烧了个干干净净。几天后，小伙子又来对第二丛花草下手。这次蜜蜂们没有用它们的方式反抗小伙子，而是向小伙子求起了情。它们对小伙子说："善良的人啊！你为什么要无缘无故地伤害一群可怜的生物呢？请你看在我们每天为您的农田传播花粉的份儿上，不要毁灭我们的家园吧！"小伙子并不为所动，仍然放火烧掉了那丛花草。又过了几天，当小伙子准备对第三丛花草进行处理的时候，蜂窝里的蜂王飞出来对他温柔地说道："聪明人啊，请您看看我们的蜂窝，我们每年都能生产出很多蜂蜜，还有极具营养价值的蜂王浆，如果你拿到市场上去卖，一定会卖个好价钱。如果您将我们所住的这丛花草铲除，那么您能得到什么呢？您是一个聪明人，我相信您一定会作出正确的决定。"小伙子听完蜂王的话，觉得它讲得很有道理，于是就放下手里的工具，做起了经营蜂蜜的生意。

在这个故事中，蜜蜂与小伙子之间是一场事关生死的博弈。三丛花草的三种蜜蜂各自用不同的方法来对待小伙子，第一种是对抗，第二种是求饶，第三种是与其合作。这个故事最后的结果显示，只有采取与小伙子合作策略的蜜蜂最终幸免于难。

通过这个故事我们可以看出，如果博弈的结果是"负和"或者"零和"，那么一方获得利益就意味着另一方受到损失或者双方都受到损失，这样的结果只能是两败俱伤。所以，人们在生存的斗争中必须要学会与对方合作，争取实现双赢。

不仅是人与人之间的合作会带来双赢，企业与企业之间也同样存在着这样一种关系。

我们大家去商场或者其他地方买东西，一定见过商家在节假日进行联合促销。联合促销是指两家或者两家以上的企业在市场资源共享、互惠互利的基础上，共同运用一些手段进行促销活动，以达到在竞争激烈的市场环境中优势互补、调节冲突、降低消耗，最大限度地利用销售资源为企业赢得更高利益而设计的新的促销范式，在人们的创造性拓展中正成为现实而极具吸引力的促销策略之一。

联合促销可以分为3类：第一类是经销商与生产厂家的纵向联合促销。长虹与国美"世界有我更精彩"联合促销就是这样一个方式。2002年5月，长虹电器股份有限公司联合北京国美电器商场，在翠微商厦举办"世界有我更精彩"大型促销活动。长虹电器与国美虽然都是行业的领头羊，但是各自为战显然没有联合起来更能使其利益最大化。

第二类是同一产品的不同品牌的联合促销，科龙、容声、美菱、康拜恩等几个品牌的联合促销就属于这一类。在对待经销商促销方面，

合作共赢，单飞失败

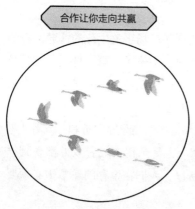

| 合作让你走向共赢 | 单飞让你走向失败 |

大雁借着"V"字队形，整个鸟群群飞比每只鸟单飞时至少增加了71%的飞行能力。

当一只大雁脱队时，它立刻感到独自飞行时的迟缓、拖拉与吃力，所以很快又回到队伍中，继续利用前一只鸟所造成的浮力。

人之于世，就如同大雁之于空中。个人的力量是有限的，唯有合作，才能最省时省力、最高效地完成一项复杂的工作。

许多人、许多企业以为各自的单飞会给他们带来更大的收益，可是，当单飞之后才发现自身的力量过于单薄，无法取得持久性的成功。

科龙、容声、美菱、康拜恩等 4 个冰箱品牌在渠道上采取"同进同出"策略。同一企业的不同品牌的产品，更容易形成品牌合力，也更容易获得利益。

第三类是企业与企业之间的横向联合促销。企业之间的联合促销更容易吸引顾客，也更容易降低销售成本。2002 年 8 月 5 日，生产播放器软件的企业豪杰公司与杭州娃哈哈集团合作进行联合促销。在双方合作过程中，这两家企业把多年积累的优势资源进行叠加，这不但使两家企业获得了利益，而且还使得目前的中国饮料市场与中国软件市场向着良好的趋势发展。

除了联合促销，很多有实力的企业为获得更大的品牌效应，甚至还搞起了强强联合。金龙鱼与苏泊尔的合作就是一个这样的例子。无论是金龙鱼还是苏泊尔，大家一定对它们非常熟悉。金龙鱼是一个著名的食用油品牌，多年来，金龙鱼一直将改变国人的食用油健康条件作为奋斗目标。而苏泊尔是中国炊具著名品牌，与金龙鱼一样，它也一直在倡导新的健康烹调观念。一个是中国食用油著名品牌，一个是中国炊具著名品牌，这两家企业为了获得更大的品牌效应，联合推出了"好油好锅，引领健康食尚"的活动。这一活动受到了广大消费者的好评，在全国 800 多家卖场掀起了一场红色风暴。在"健康与烹饪的乐趣"这一合作基础上，金龙鱼与苏泊尔共同推出联合品牌，在同一品牌下各自进行投入，这样双方既可避免行业差异，更好地为消费者所接受，又可以在合作时通过该品牌进行关联。

在这次合作中，苏泊尔、金龙鱼的品牌得到了提升，同时也降低了市场成本：金龙鱼扩大了自己的市场份额，品牌美誉度有了进一步提升；苏泊尔则进一步巩固了市场地位。这种双赢局面正是两家企业合作带来的结果。

夏普里值方法

博弈论的奠基人之一夏普里在研究非策略多人合作的利益分配问题方面有着很高的造诣。他创作的夏普里值法对解决合作利益分配问题有很大的帮助，是一种既合理又科学的分配方式。与一般方法相比，夏普里值方法更能体现合作各方对联盟的贡献。自从问世以来，夏普里值方法在社会生活的很多方面都得到了运用，像费用分摊、损益分摊那种比较难以解决的问题都可以通过夏普里值方法来解决。

夏普里值方法以每个局中人对联盟的边际贡献大小来分配联盟的总收益，它的目标是构造一种综合考虑冲突各方要求的折中的效用分配方案，从而保证分配的公平性。

下面再让我们看一个 7 人分粥的故事。

有一个老板长期雇用 7 个工人为其打工，这 7 个工人因为长时间生活在一起，所以就形成了一个共同生活的小团体。在这个小团体里，7 个人的地位都是平等的，他们住在同一个工棚里面，干同样的活，吃同一锅粥。他们在一起表面看起来非常和谐，但其实并非如此。比如在一锅粥的分配问题上他们就会闹矛盾：因为他们 7 个人的地位是平等的，所以大家都要求平均分配，可是，每个人都有私心，都希望自己能够多分一些。因为没有称量用具和刻度容器，所以他们经常会发生一些不愉快的事情。为了解决这个问题，他们试图采取非暴力的方式，通过制定一个合理的制度来解决这个问题。

他们 7 个人充分发挥自己的聪明才智，试验了几个不同的方法。总的来看，在这个博弈过程中，主要有下列几种方法：

第一种方法：7 个人每人一天轮流分粥。我们在前面讲过，自私是人的本性，这一制度就是专门针对自私而设立的。这个制度承认了每个人为自己多分粥的权力，同时也给予了每个人为自己多分粥的平等机会。这种制度虽然很平等，但是结果却并不尽如人意，他们每个人在自己主持分粥的那天可以给自己多分很多粥，有时造成了严重的浪费，而别人有时候因为所分的粥太少不得不忍饥挨饿。久而久之，这种现象越来越严重，大家也不再顾忌彼此之间的感情，当自己分粥那天，就选择加倍报复别人。

第二种方法：随意由一个人负责给大家分粥。但这种方法也有很多弊端，比如那个人总是给自己分很多粥。大家觉得那个人过于自私，于是就换另外一个人试试。结果新换的人仍旧像前一个人一样，给自己分很多粥。再换一个人，结果仍是如此。因为分粥能够享受到特权，所以 7 个人相互钩心斗角，不择手段地想要得到分粥的特权，他们之

认识夏普里值方法

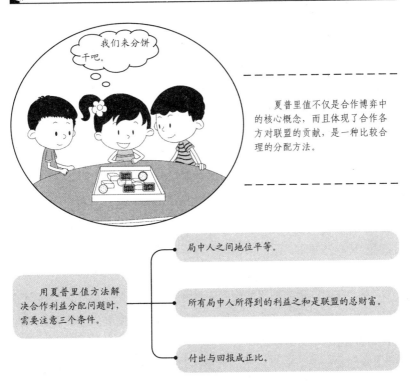

我们来分饼干吧。

夏普里值不仅是合作博弈中的核心概念，而且体现了合作各方对联盟的贡献，是一种比较合理的分配方法。

用夏普里值方法解决合作利益分配问题时，需要注意三个条件。

局中人之间地位平等。

所有局中人所得到的利益之和是联盟的总财富。

付出与回报成正比。

间的感情变得越来越淡。

第三种方法：由 7 个人中德高望重的人来主持分粥。开始，那个德高望重的人还能够以公平的方式给大家人粥，但是时间一久，那些和他关系亲密，喜欢拍他马屁的人得到的粥明显要比别人多一些。所以，这个方法很快也被大家给否定了。

第四种方法：在 7 个人中选出一个分粥委员会和一个监督委员会，形成监督和制约机制。这个方法最初显得非常好，基本上能够保障每个人都能够公平对待。但是之后又出现了一个新的问题，当粥做好之后，分粥委员会成员拿起勺子准备分粥时，监督委员会成员经常会提出各种不同的意见，在这种情况下，分粥委员会成员就会与其辩论，他们谁也不服从谁。这样的结果是，等到矛盾得到调解，分粥委员会成员可以分粥时，粥早就凉了。所以事实证明，这个方法也不是一个能够解决问题的好方法。

第五种方法：只要愿意，谁都可以主持分粥，但是有一个条件，分粥的那个人必须最后一个领粥。这个方法与第一种方法有些相似，但效果却非常好。他们 7 个人得到的粥几乎每次都一样多。这是因为分粥的人意识到，如果他不能使每个人得到的粥都相同，那么毫无疑问，得到最少的粥的那个人就是他自己。这个方法之所以能够成功，就是利用了人的利己性达到利他的目的，从而做到了公平分配。

在这个故事中，有几个问题是我们不得不注意的。第一，在分配之前需要确定一个分配的公平标准。符合这个标准的分配就是公平的，否则便是不公平的。第二,要明确公平并不是平均。一个公平的分配是，各方之所得应与其付出成比例，是其应该所得的。

由"分粥"最终形成的制度安排中可以看出，靠制度来实现利己利他绝对的平衡是不可能的，但是一个良好的制度至少能够有效地抑制利己利他绝对的不平衡。

良好制度的形成是一个寻找整体目标与个体目标的"纳什均衡"

的过程。在"分粥"这个故事中，规则的形成就是这一过程的集中体现。轮流分粥的这一互动之举使人们既认识到了个人利益，同时又关注着整体利益，并且找到了两者的结合点。另外，良好制度的形成也可以说是一个达成共识的过程。制度本质上是一种契约，必须建立在参与者广泛共识的基础之上，对自己不同意的规则，没有人会去积极履行。大家共同制定的契约往往更能增强大家遵守制度的自觉性。现实中许多制度形同虚设，主要原因就是在其制定的过程中，组织成员的意见和建议没有得到充分的尊重，而只是依靠管理者而定，缺乏共识。

　　良好的制度能够保障一个组织正常的运行，因为它能够产生一种约束力和规范力，在这种约束力和规范力面前，其成员的行为始终保持着有序、明确和高效的状态，从而保证了组织的正常运行。

第七章
酒吧博弈

要不要去酒吧

假设一个小镇上有 100 个人，小镇上有一家酒吧。到了周末的时候，他们有两个选择：去酒吧活动或者是待在家里休息。酒吧的座位是有限的，如果去的人超过了 60 位，就会感到很拥挤，一点也享受不到乐趣。这样的话，他们还不如留在家里舒服。但如果大家都是这么想的，那么就没有人去酒吧，酒吧反而比较清静，这时去酒吧就会很舒服。因此，小镇上的人都面临着如何选择的问题，周末是去酒吧还是不去酒吧？

这个局部小范围人群的博弈，就是 1994 年美国著名的经济学专家阿瑟教授提出的少数人博弈理论，又称为酒吧博弈模式理论。

我们可以看出这个博弈是有前提条件的，即每一个小镇上的人只知道上个周末去酒吧的人数，而不知道即将到来的周末会去多少人。所以他们只能根据以前的历史数据来决定这次去还是不去，他们之间没有任何信息交流，也没有其他的信息可以参考。

每个参与者在这个博弈过程中都面临着一个同样的困惑——如果多数人预测去酒吧的人数少于 60，因而去了酒吧，那么去的人就会超过 60 位，这时候作出的预测就是错的；反过来，如果多数人预测去酒吧的人数超过 60 位，因而决定不去，那么酒吧的人数反而会很少。因此，一个人要作出正确的预测就必须知道其他人如何作出预测。但是，在这个问题中，每个人都不知道其他人在这个周末作出何种打算。

酒吧博弈的关键在于，如果我们在博弈中能够知道他人的选择，然后作出与其他大多数人相反的选择，就能在这种博弈中胜出。对于这个问题，首先我们说，对于下次去酒吧的确定的人数我们是无法作出肯定的预测的，这是一个混沌的现象。

混沌系统的变化过程是不可预测的。对于"酒吧博弈"来说，由于人们根据以往的历史来预测以后去酒吧的人数，过去的人数历史就很重要，然而过去的历史可以说是"任意的"，那么未来就不可能得到一个确定的值。而且，这是一个非线性过程——这是指"因""果"之间的关系是很不分明的。这就是人们常常说的"蝴蝶效应"：太平洋这面一只蝴蝶动了一下翅膀，在对岸就刮起了一场飓风。在"酒吧博弈"中也是如此：假如其中一个人对未来的人数作出了一个预测而决定去还是不去，他的决定就影响了下一次去酒吧的人数，这个数目对其他人的预测及下下次去和不去的决策造成影响，即下下次去酒吧的人数会受他人上一次的决策的影响。这样，他的预测及行为给其他人造成的影响反过来又对他以后的行为造成影响。随着时间的推移，他的第一次决策的效应会越积越多，从而使得整个过程变的不可预测。

我国社会发展得很快，城市越来越大，交通越来越发达，道路也不断增多、变宽，但交通却越来越拥挤。在大城市生活过的人都知道，在上下班高峰期，交通堵塞现象极为严重。比如北京就是这样，相关部门已经连续出台两项措施来解决这个问题，一是实行单双号限行，再就是实现错峰上下班，但这些措施只是缓解了交通拥堵，并没有将其解决。其实，对于司机来说，关于城市交通拥堵的问题也能用到"酒吧博弈"。

城市道路就像复杂的网络一样，在上下班高峰期间，司机选择行车路线就变成了一个复杂的少数人博弈问题。

一般来说，司机在这种情况下面临两种选择。一是选择比较短的车程，却容易堵车；二是选择没有太多车的路线行走，多开一段路程，因为他不愿意在塞车的地段焦急地等待。到底应该走哪条路？司机只能根据以往的经验来判断。很显然，在塞车的道路上，每个司机都不愿意行驶，但其他司机也是这么想的。因此，每一个司机的选择都必须考虑其他司机的选择。

在司机行车的"少数者博弈"问题中，经过多次的堵车和绕远道，许多司机往往知道，什么时候该走近路，什么时候应绕远路。但是，这是以多次成功和失败的经验教训换来的。

在这个博弈过程中，因为经验不足，有的司机往往不能有效避开高峰路段；有的司机因有更多的经验，能躲开塞车的路段；有的司机

"酒吧博弈"的局限性

"酒吧博弈"所反映的是这样一个社会现象，我们在许多行动中，要猜测别人的行动，然而我们没有更多关于他人的信息，我们只有通过分析过去的数据来预测未来。

> "酒吧博弈"没有什么清晰的答案，就其本身来说，真正的意义也有限。

> 事实上，人们决定是不是去酒吧，并不取决于猜测有多少人去，而是看自己从中是否能得到效用——当然，如果人少一些，不那么拥挤，效用可能会大一些；而人多造成拥挤，效用则会小一些，人多人少的影响仅限于此。

酒吧就是在人少的时候才有氛围呢。

酒吧就是要人多才热闹！

> 更重要的是他如何评价这个效用——有些人会认为效用甚低，甚至可能是负的，自然就不会去；而有些人就是喜欢泡吧，哪怕挤一身臭汗也认为值得，他就会去。

> 所以"酒吧博弈"最可能出现的结果是那些更喜欢泡吧的人成为这里的常客，而那些不那么热衷于此的人只是偶尔光顾，每天去酒吧的人数会略有波动，但大致会保持在一定的幅度内。

因为保守，宁愿选择有较少堵车的较远的路线；而有的司机则喜欢冒险，宁愿选择短距离的路线。最终，这些司机的不同路线选择决定了每条路线的拥挤程度。不仅仅在司机选择路线的问题上是这样，生活中的许多情况都可以用这个博弈模式来解释。

我们知道，每年高校招生或研究生报名的时候，都会出现这样的情况：考生们通过各种途径弄清自己想要报考的学校以前的报名情况，并综合前几年的报考情况，来决定自己是否报这所学校。这里同样存在着"酒吧博弈"问题。如果报名的人太多，竞争太强，被录取的可能性就低；如果报名的人太少，竞争不强的话，录取分数相对来说就低一些，那么你的分数也许可以超过该校的录取线，那么你要是不报就可惜了。一般来说，考生会根据以往几年的情况来推测今年的报名情况，但这种推测也许并不怎么准确。当考生看到以往几年报名的人很少时，他会想下次人还会很少，因而他就果断地报了名，然而，如果大部分报考这所院校的人都是这么想的，那就使自己被录取的概率大大降低；反之，如果大多数考生都认为前几次报名的人少，这次一定有很多人报名，那就会出现这个学校只有很少的人报考的情况，这所学校最后也许不得不降分录取。

现在社会上经常举行所谓的大众评选活动，比如全社会进行的电影爱好者"百花奖"的评选活动，"年度十佳艺人"评选活动等。在投票过程中，为了鼓励民众投票，主办方会对每个投票者作出一定的奖励。但这是有条件的，比如"年度十佳艺人"的评选，投票者不仅要选中哪10个人才能获奖，而且还要猜对这些获奖人员的排位顺序。这样的话，投票者想要获奖，就必须选中"正确的"人，就必须猜出得票最多的也就是第一名是哪位，得票第二名是哪位……投票者能获得奖励的关键是能否猜到其他投票者的想法，如果猜错了，就不能获奖；但如果猜对了，就能获得奖励。因此，可以这样说，谁能当选"十佳"、谁不能当选"十佳"和投票者一点关系都没有，而是投票者们相互猜测的结果。很明显，这也是一个"酒吧博弈"

的问题。不同的是，与"酒吧博弈"问题相比，大众评选活动只不过在评选上是一次性的，没有过去的数据让我们来归纳。但是，我们要把这种观察与博弈理论结合起来，以此指导我们如何在纷乱的现象中采取更好的策略。

股市中的钱都被谁赚走了

为什么身边炒股的人大多数赚不到钱，而只有较少的一部分人赚钱呢？

我们知道，股民中绝大多数人都是通过炒买炒卖获取利益，即我们通常所说的"短线派"。因此，与"长线派"相比，"短线派"要更频繁地买卖股票，但因为每次转手都要交纳交易税，所以"短线派"的成本要比"长线派"高。那么既然如此，是不是意味着"短线派"的收益高过"长线派"呢？我们知道在股市里，在多数情况下，要想获得更高的收益就必须能准确预测股票价格的涨落，只有做到这一点收益才能高过"长线派"。那么关于股票，有没有最佳的投资策略呢？现在有许多股市分析软件，声称能为你带来高额回报，这些可不可信呢？

凯恩斯不仅在经济学上颇有造诣，在股市上，他也是一个投资老手。关于选择股票的策略，他曾举过一个"读者选美"的例子。

电视上的各种选美比赛多数是由评委决定，但是，也有少数是依靠观众投票决定名次的。作为一个观众来说，如果你的评选结果和最后的结果相同，你会获得一笔奖金。所以，所谓的读者（或观众）选美比赛中，评选者要顾及自己的利益，因为中选者要通过公众投票产生，结果将影响到自己能否获奖。因此，作为读者（或观众），他在投票时要考虑别人会如何投票，而不能以自己的爱好作为唯一标准。

假如某报社举办选美比赛，让读者从 100 张照片中选出 6 张最漂

影响股价短期变化的因素

都说中国股票市场就是一个政策市场，国家颁布的一些对于国家发展国情需要而做出的调整政策，工程建设政策等一些实事政策对股市有一定的影响。

有些是舆论因素：各式各样的新闻，如战争、油价、政治事件等新闻，都会影响到未来股市的投资状况，进而影响到市场的平均价格。

有些真假难分的"内幕消息"也影响着股价。

各种大大小小的因素加在一起，影响着每日股市价格的变动，影响着不同股票与投资。

亮的面孔。把全体读者的评选作为一个整体,然后算出得票最高的6
张面孔,个人答案最接近平均答案的就能获奖。每个参加者挑选的是
他认为最能吸引其他参加者注意力的面孔,而并非是他自己认为最漂
亮的面孔,同理,其他参加者也是这么想的。因此,我们必须运用我
们的智慧预计一般人的意见,猜测一般人应该是什么样的选择。这种
比赛与谁是最漂亮的女人无关,因为要选的不是根据个人最佳判断确
定的真正最漂亮的面孔。因为你关心的是其他人认为谁最漂亮,而不
是自己认为谁最漂亮。不过,假如碰巧的话,也许你的选择和大众的
选择是一样的。

在这样的选美比赛中,评选者必须同时从其他评选者的角度考虑。
他们选择的不是最美丽的,而是大家最有可能都关注的,也就是能不
能找到"大众脸"。假如某个女子与其他女子相比,确实漂亮出许多,
那么很显然大家都会选她。但是一个人美丽与否,毕竟没有客观的标
准,萝卜青菜,各有所爱。因此,这100个决赛选手各有千秋的可能
性是最大的,也就是她们各有各自美丽的地方,那么谁更有特点,谁
就能最终胜选。因为,特点越明显,评选者关注的就越多。比如在众
多候选者当中,只有一个紫色衣服的姑娘,那么相对来说,她被选出
来的机会就比别人大,因为大家都是这么认为的。

我们可以看到,谁应该选上,谁不应该选上是由投票的人相互猜
测决定的。

在股票市场上,每个股民都在猜测其他股民的行为,以使自己可
以与大多数股民所选的股不同。在两种情况下,股民们会获利:一是
当你处于少数的"卖"股票的位置,多数人想"买"股票,那么你持
有的股票价格将上涨,你将获利;二是当多数股民处于"卖"股票的
位置,而你处于"买"的位置,股票价格低,你就是赢家。对于股民
们来说,可以采取无数个选择,但相应的结果却大不相同。他们的策
略完全是根据以往的经验归纳出来的,很显然,就很像这里的少数者
博弈的情况。

但是，根据经验归纳出来的结论也不一定就是准确的。也正因如此，历史数据不能保证你买的股票稳赚不赔，因为如果可以从历史数据中推导出股市的变化，那所有的股民都会发财，因为他们只需要拥有一台高性能的电脑就可以了，每天坐在电脑前，查看股票交易的记录就行了。但是，这样一个炒股必赢的系统存在吗？如果存在，就没有人买入垃圾股，因为所有人都知道哪些是潜力股，但这样还有股票这一投资方式存在吗？实际上，人们还没有发现一个炒股必赢的方法，也不可能有。

股市对于股民来说，是一个无法预知的混沌系统，只有这样才能使人有赚有赔，也就是使股民们在"博傻"过程中赚钱。但是，知道"酒吧博弈"理论对你或多或少会有所帮助。因为，股市投资具有一些类似的特点。

每个投资者都希望赚钱，但能否赚钱取决于其他投资者是否看好它，而不完全取决于某个股份公司的赢利情况。凯恩斯的聪明之处就在于他解释了策略行动如何能在股市和选美比赛中发挥效果，并由此确定最终的赢家。

压倒骆驼的稻草

"酒吧博弈"模式是一个少数人的博弈，在这种博弈模式下，需要注意由少变多，直到改变事物的本质的一个变化过程。

美国前副总统小艾伯特·阿诺德·戈尔曾写过一本叫《平衡中的世界：生态与人类精神》一书，里面有一则小故事，介绍了美国物理学家所做的一个研究。

物理学家们在研究中让沙子一粒一粒落下，落下的沙子慢慢变成了一堆。初始阶段，落下的沙粒对沙堆整体影响很小。他们在电脑模拟和慢速录影的帮助下，可以准确地计算沙堆顶部每落一粒沙会带动多少沙粒移动。当沙堆增高到一定程度之后，落下的任何一粒沙都可能使整个沙堆倒坍。

　　物理学家们由此提出一种"自组织临界"的理论。也就是说当沙堆达到"临界"时，每粒沙与其他沙粒就处于"一体性"状态。这个时候，每粒新落下的沙都会产生一种"力波"，虽然这一粒沙的力度很小，却能通过"一体性"影响整个沙堆，随着沙粒的不断下落，沙堆的结构慢慢变得脆弱。也许，下一粒落下的沙就会使沙堆整体发生塌掉。

不可忽视的"稻草原理"

荀子说："不积跬步，无以至千里；不积小流，无以成江海。"千万不要轻视了细微的力量，而且更要坚持将一丝一毫的力量积累成最后的成功！

"稻草原理"适用于我们生活中的许多领域。

每天阅读 500 字，阅读量应该算少的了，但如果一个人能坚持下去，那有朝一日就能成为博学之士。

人类社会的很多现象用"稻草原理"都可以解释，比如古代物种和生态系统已经稳定地保持了几百万年，在地质期的某一瞬间，为什么会灭种或演变为新的物种？

　　我们从上面这个研究中可以知道"度"的重要性，凡事如果超过一定的度，就会发生变化。宋代词人辛弃疾说："物无美恶，过则为灾。"这和外国流传的一个谚语相似：往一匹健壮的骆驼身上放一根稻草，骆驼毫无反应；再添加一根稻草，骆驼还是没有什么反应……当加到某一根稻草时，强大的骆驼轰然倒地。后来，有人把这种原理取名为"稻草原理"。

　　实验中的临界点变化，可能有其迷人的美学色彩，但是在现实生活中却可能需要我们绞尽脑汁去采取措施避免或者推动这种变化。

　　"物以类聚，人以群分"，在现实生活中是一种司空见惯的现象，但是了解了稻草原理之后，我们不仅可以从更宏观的层面上发现社会的内在变化规律，而且也更有助于我们找到一种方法，更好地实现社会的和谐与多元化。

　　哲学上有种现象叫作"秃头论证"，也和上述理论类似：头上偶尔掉一根头发，你不会担心；又掉一根，你也不会担心……但如果就这样一根根一直掉下去，最后你就变成秃头了。

　　第一粒沙的离开，第一根头发的脱落，变化都不是很明显。当这种变化达到某个程度时，才会引起人们的注意，但还只是停留在量变的程度，难以引起人们的重视。当量变达到某个临界点时，不可避免地就会出现突变。

　　在一组博弈中，假如一部分参与者同意一种意见，而另一部的分参与者赞成另一种意见。但是，如果把这两部分人合成一个整体，再从这个整体的立场出发，将会得出一个出人意料的结果。这是为什么呢？对其他人来说，其中一个单个个体的选择可能产生更大的影响。而作出这个选择的个体，却并没有预先将这个影响计算在内。

　　自牛顿以来，在我们的头脑中，直线思维和简化思想一直占据着主导地位。但是，很多科学家最近在各自的领域中发现世界并不是那么简单。它是在关联和交互影响中进化的，而并非是直线发展的。

换句话说，世界上充满着各种未知的混沌，这是用直线思维无法解释的。多数物种的灭绝、生态危机的形成都是这样：开始时并不为人所察觉，等到发觉时，离灭绝也就不远了，这时再想办法已经来不及了。

科学家们研究认为，在线性系统中，这种现象的整体正好等于所有部分的相加。因此，在不需要关心其他部分的情况下，系统中的每一部分都可以自由地做自己的事情。但是，整体在非线性系统中可能大于所有部分的相加，而并不等于所有部分的相加，因为系统中的一切都是相关联的。

通过观察，我们往往会发现，物理学、生物学或者是社会学上的非线性系统的基本组成个体和基本组织法则其实并不复杂。但是，这些简单的组成因素之所以复杂，是因为它们的组织自动地相互发生作用：一个系统的组成个体，有无数种相互之间发生作用的可能。

非线性系统在这些无数种可能的相互作用下，展现出一系列特点。这些特点与我们以往的认识有很大的不同，它们不在我们能够想象的范围之内。它给了我们这样一个具有科学内涵的启示：非线性的混沌系统一旦超越了它的多样化临界点，或者说它原来的平衡一旦被打破，就会发生爆炸性的变化，而且不可能凭自身能力恢复起来。

水滴石穿

宋朝时，有个叫张乖崖的人在崇阳县担任县令。崇阳县社会风气很差，盗窃成风，甚至连县衙的钱库也经常发生钱、物失窃的事件。

张乖崖任县令之后，决心好好地整治一下这个地方的社会风气。

有一天，他在衙门周围巡行，看到一个管理县衙钱库的小吏慌慌张张地从钱库中走出来。张乖崖急忙把库吏喊住："你慌慌张张的，干什么呢？"

"没什么。"那库吏嗫嚅地说。张乖崖想到，最近钱库经常失窃，怀疑库吏可能监守自盗，便让随从对库吏进行搜查，果然在库吏的头巾里搜到一枚铜钱。

张乖崖把库吏押回大堂审讯，问他一共从钱库偷了多少钱，库吏不承认以前也偷过钱。张乖崖便决定法办库吏。库吏怒气冲冲地道："偷了一枚铜钱算什么，好歹我也是公务员，你竟然这样拷打我？你也就是打打我，还敢怎么样？难道你还能杀我吗？"

看到库吏竟敢这样顶撞自己，张乖崖大怒。他拿起笔，龙飞凤舞地写道："一日一钱，千日千钱，绳锯木断，水滴石穿。"这话的意思是：一天偷盗一枚铜钱，一千天就偷了一千枚铜钱……用绳子不停地锯木头，木头就会被锯断；水不停地滴，能把石头滴穿。张乖崖吩咐衙役把库吏押到刑场，斩首示众。

自此崇阳县的偷盗风全被止住，社会风气明显好转。

这就是"水滴石穿"的故事。一些力量是微弱的，但是却从不停止，那么这些力量集中起来就会造成可怕的后果。

有一群蚂蚁，看到了一棵百年老树，便打算在这棵树上安营扎寨。蚂蚁们为建设家园辛勤工作着，咬去一点点树皮，挪动一粒粒泥沙。就这样，这一大群蚂蚁日复一日地吞噬着大树。终于有一天，一阵微风吹来，百年老树倒在地上，原来它竟然已经枯朽了。这种循序渐进的过程在生物学上叫"蚂蚁效应"。

在法国有一个小村庄，村旁有一条小河，人们平常用水都是靠它。池塘里面有一片荷花在自由生长着。

有一天，池塘里面流进了一些化学污水。污水里含有荷花的助长剂，使得荷花的生长速度成倍增加。也就是说，荷叶的数目每天都会比前一天增加一倍。这样的话，只要 30 天，整个池塘就会被荷叶盖满。

但是，前 28 天根本没人发觉池塘中的变化。第 29 天，村里的人惊讶地看到池塘的一半空间被荷叶覆盖着，他们开始担心以后用不了水了，但为时已晚。第二天，整个池塘都被荷叶占据了。

这件事的起因只是"一些污水"，每一个相关对象的偶然性因素都包含了对象必然发展的结果的信息。在各种内外因素的参与下，一个十分微小的诱因有时也会产生极其重大和复杂的后果。

有一个村子，卫生条件非常差，这里到处都脏乱不堪。有一个人很不满这样的现状，他想改变村民们的习惯，让这里变得干净宜人。但他也知道，说服他们是很困难的，因为他们已经习惯了这样的环境。他冥思苦想，终于想到了一个办法。他买了一条很漂亮的裙子，把它送给村里的一个小女孩。

小女孩很高兴，立刻换上了这条漂亮的裙子。女孩的父亲也很高兴，但是他注意到，女孩漂亮的裙子和她脏兮兮的双手以及蓬乱的头发极不相称，于是他就把她的头发梳理整齐，并让她好好地洗了个澡。经过这样一个改变，穿着漂亮裙子的小女孩就十分干净漂亮了。这时候，她父亲发现家里的环境很脏，也很乱，这很容易把她的双手和裙

微弱的力量也会产生意想不到的结果

钱钟书曾这样说："要想把哪个东西搞坏，不要骂它、不要臭它，而要让它无限制地繁殖泛滥，结果它自然就名声扫地了。"

正所谓"只要功夫深，铁杵磨成针"，许多小事总是在我们不经意间就成了大事。微弱的力量也会产生意想不到的结果，或许开始你不会在意，但后来却不得不去关注它。

子弄脏。父亲就发动家人，来了个大扫除，彻底地把家里打扫了一遍，整个家都变得干净明亮了。不久，这位父亲又不满意了，因为他发现自己的家里虽然很干净了，但门口的过道满是垃圾，看上去让人很不舒服。他再次发动家人，把门口过道清理干净，并告诉家人不要乱倒垃圾，注意保持卫生。

小女孩一家的变化被隔壁邻居发现了，他也觉得自家脏乱的环境让人难受，看着小女孩家干净卫生的环境，他感觉很是舒心。也就在同时，他醒悟到，我们家里也是可以干净的啊！于是他们也发动家人，把屋里、门口过道等地方打扫了一遍，并交代家人注意保持卫生。不久，邻居们发现了这两家人的变化，也开始行动起来……当那位好心人再到村里的时候，他吃惊地发现，自己几乎不认识这里了。村里的街道打扫得干干净净，村民们都穿着洁净的衣服，每户人家的房子都是窗明几净！

明朝灭亡后，福王朱由裕和一些达官贵人逃到南京，在那里被拥为皇帝。他和一些藩王联合，在江南建立了反清政府，历史上称它为南明。凤阳总督马士英是当时拥立福王为皇帝最积极的人之一，所以福王朱由裕便把政事都交给马士英。为了壮大自己的势力，马士英大量选拔人员，把他们全部封官。一时间南明这么一个小朝廷却有比一个大朝廷还多的官吏，在南明小朝廷的都城里，几乎到处都是官员。但这么多的官吏并没有能阻止南明小朝廷的灭亡，仅仅过了一年，南明都城南京就被攻破。南明的灭亡虽与其实力弱小有关，但不断地封官导致朝廷入不敷出也是其灭亡的原因之一。

独树一帜

唐贞观十九年（公元 645 年），唐太宗李世民御驾亲征高句丽。高句丽得知讯息，派大将高延寿和高惠真率军 15 万迎战。两军在安市城东南相遇，一场惨烈的厮杀即将开始。

李世民在军师徐茂公等人的陪同下，站在一处高坡上观战。

战鼓喧天，号角齐鸣，双方展开了对攻。唐军中一员小将率先冲入敌阵，此人腰中挎弓，手中握戟，穿着一件耀眼的白袍，左冲右突，如入无人之境。敌军阵型很快被冲乱，惊慌失措的敌将想要还击，但却没有完整的阵型，士卒四散奔逃。唐军随后掩杀过去，大败高句丽军。

李世民在战斗结束后派人到军中问："刚刚冲在最前面，穿白衣的将军是谁？"

有人回答："薛仁贵。"

李世民专门召见了薛仁贵，赞其勇气可嘉，并封其为右领军郎将。薛仁贵自那以后屡立战功，很快升到了大将，并成为大唐名将之一。

薛仁贵在这里就用到了"少数派策略"，这一点可能他自己都不知道，他穿上与众不同的白袍杀入敌阵也许是为了让自己的士兵易于辨识；但在客观上，却起到了引起注意并受到器重的效果。

1997年，一个叫张翼成的中国人提出了一个博弈论模型，被称之为"少数者博弈"或"少数派博弈"。在这种博弈中，每一个人的判断与选择都直接影响所有的人。他在论述这个模型时，用到了下面这个例子：

如果出现这种情况：你和朋友们在一所房子里聚会，你们许多人在一起玩得很开心。这时候屋里面突然失火了，而且火势很大，根本无法扑灭。这间房子有两个门，你必须选择从哪一个门逃生。

但是，此时所有的人都和你一样，必须抢着从这两个门逃到屋外，都争着向门外挤去。可想而知，假如很多人选择的门被你选择了，那么你很可能被烧死，因为人多拥挤，根本冲不出去；反过来，假如较少人选择的门被你选择了，那么你逃生的概率将大大增加。

假如我们不把道德因素考虑在内，你将作出怎样的选择？

莱因哈德·泽尔滕是诺贝尔经济学奖得主，他在访问中国时曾谈到什么是博弈论，并用了一个生活中的例子来向记者说明，其中就提到了"少数者博弈"。他说，从 A 地到 B 地有两条路可走：一条是主干道 M，另一条是侧干道 S。主干道路比较好走，而侧干道路相对不太好。相比之下，主干道 M 因为开车的人多非常拥挤，而人少的 S 道很顺畅。从博弈论的角度来说，在考虑自己如何选择的同时，开车人还要考虑其他人是怎么想的。

关于上面这个问题，巴里·奈尔伯夫在《策略思维》中有过更为精细的研究。奈尔伯夫是这样说的：从伯克利到旧金山，可以选择两条主要路线。一是搭乘 BART（快速有轨公共交通系统）列车，二是自行开车穿越海湾大桥。如果坐 BART 列车的话，乘客要步行到车站等车，而且中间停好几个站，路上时间加起来接近 40 分钟。不过，列车从不会因为堵塞而延迟。如果自行开车的话，不塞车 20 分钟就可以到达，但因为大桥只有 4 个车道，很容易发生堵塞，所以一般情

独树一帜才能脱颖而出

社会上那些成功的机会和可以助我们成功的资源都是有限的，只有抓住机会的少数人才能得到。如果你在多人博弈中盲目从众，结果可想而知，你什么都得不到。

不要跟风，不走寻常路，才能找到一条捷径。我们在生活中也可以发现，那些与众不同的少数者往往能够很顺利地改变命运。

况下都会堵车。我们先作这样的假设，每小时内每增加 2000 辆汽车，每一个开车的人就会被拥堵 10 分钟。如果只有 2000 辆汽车的时候，我们到达目的地需要 30 分钟。那么有 4000 辆汽车的话，我们就需要 40 分钟才能到达目的地。

假如在运输高峰期内，有 10000 人要从伯克利前往旧金山。能缩短自己旅行时间的路线是每个人的必然选择。可想而知，如果只有 2000 人愿意开车穿越海湾大桥的话，交通就会比较顺畅，通行时间也会缩短，因为汽车较少，只要 30 分钟就可以；另外的 8000 人认为开车拥堵，选择乘 BART 列车。在这种情况下，那 2000 开车的人中会觉得，开车只需 30 分钟，可以省 10 分钟，就会选择开车穿越海湾大桥。反过来，如果 8000 人选择开车穿越海湾大桥，那么到达目的地要花掉开车的人 60 分钟时间。这样的话，开车的 8000 人就会转而改变策略，选择乘 BART 列车，因为这只需花费 40 分钟的时间。

由于资源是有限的，在一个社会中，只有部分少数者才能充分享有，这也是我们要争取做少数者的原因。

一条大街上依次排列着十几家餐馆。这些餐馆有着一样的菜单，一样的四方桌，一样的白色墙壁。无论是格局还是服务，给人的感觉都差不多，连服务方式都差不多。不过，有一家小餐馆却与众不同，这家餐馆的外墙是浅绿色的。他们的服务更是独特，老板与员工招呼客人、点菜、报菜名时就像在说笑话、讲评书一样，在他们这里，每一个很普通的菜都有一个新的名称。这个饭店就是风波庄，现在几乎每个城市都有分店。

他们从服务员到菜名，从酒水到桌椅板凳，都充满着江湖的味道。来这里的男士会被店小二（服务员）称为"英雄好汉"，女士则被称为"女侠"，这里的酒是用大碗喝的（不用一口喝完）……所以客人来这里吃饭、喝酒是一种莫大的精神享受。这家餐馆因为它的与众不同，生意一直都出奇地火爆。而他们获得成功的原因正在于做少数者。

最差的土地赏给我

春秋时，楚令尹孙叔敖为楚国的中兴立下了汗马功劳，深受楚庄王的器重。但是，身为令尹的他在个人生活方面却非常俭朴，多次拒绝了楚庄王给自己赐的封地。

有一次，孙叔敖率军打败了晋国，回来后得了重病。他在临死之前，嘱咐儿子孙安："千万别做官，我死后你就回乡下种田。如果大王要赏赐你东西，你就要寝丘这个地方。"孙安很愕然，因为他知道楚越之间有一个地方叫寝丘。此地偏僻贫瘠，地名又不好，"寝"字在古代有丑恶的意思。越人以为那里不祥，楚人视那里为鬼域，很久以来都没有人要。孙安不知道父亲为什么这样安排，但他知道父亲这么做一定有他的道理，就应承下来。

没过多久，孙叔敖就去世了。楚庄王很悲痛，想到孙叔敖立下的功劳，便打算厚赏孙安，打算让他做大夫。但孙安却坚辞不受，楚庄王没办法，只好让他回老家去了。孙安回去后的日子很不好过，只能以打柴为生，甚至有时还会饿肚子。楚庄王听说这件事后，派人把孙安请来，准备再次封赏他。孙安没有违背父亲的遗命，他向楚王提出要寝丘那块没有人要的薄沙地。庄王虽然感到有些奇怪，但并没有再说什么，便把寝丘封给了他。

其他的功臣勋贵，为了能使那些肥沃的良田做自己的封地，往往相互之间争得你死我活。但孙叔敖为什么让他的儿子孙安要一块薄地呢？这里就用到了少数派策略。表面上看起来，这种做法吃亏了，但实际上却获利良多。因为按楚国规定，封地延续两代之后，如有其他功臣也想要这块封地，那么它就会被转封给别人。孙叔敖的过人之处就在于，他知道在某些情况下，不利因素也可以转化为有利因素。寝丘是贫瘠的薄地，一直没有人要它为封地，所以不会有人和他的儿子相争。孙叔敖的子孙在那里一直安稳地生活了十几代，到汉代已是那里的一个最大的家族，这和当初孙叔敖的英明决策是分不开的。

所有人争夺的焦点都在有限的几种事物上，但资源都是有限的，如果没有少数派策略，那么每个人都将处于十分艰难的境地。要想成功，就要注意到别人不注意的地方，才有可能事半功倍。

在现实生活中，我们会发现那些与大众不同的少数者，往往能够顺风顺水地改变命运。在条件还没有齐全的时候，真正的少数者已经开始作准备，开始向胜利发起冲击了。他们为创造自己所需要的条件，会想尽一切办法，这和其他很多人等到已经有人出发才开始想是不是

"少数者策略"往往才是成功之道

在生活中很多人不论是找工作、创业以及投资股市，都是见机行事，不敢打破既有的标准和规则。但有少数人却有自己独特的见解，他们反其道而行之，在其他人都争先恐后地拥着上所谓的"热门行业"时，他们却在冷门的地方寻找突破口。

报个热门行业！

四年前的热门行业现在已经饱和了，很难就业了。

古人云："与人相对而争利，天下之至难也。"

高考报志愿是这样，工作是这样，创业也是这样，炒股也是如此。这除了把竞争搞得更加激烈以外，什么好处都没有。

从严格意义上来说，所谓的冷门或热门并没有什么区别。一般人都有跟风的习惯，看到哪个行业崛起，就一拥而上。

所以，我们不妨做个冷静的旁观者，在大家都疯狂地拥向热门行业时，你悄悄地向冷门处进军。也许这样做你不经意间就成功了！

第七章　酒吧博弈

时机成熟是不一样的。

有个千万富翁，小的时候家里很穷，后来他回忆说，小时候的一件事对他影响极深。有一次，他放学回家的时候，在一个工地上看到一个老板模样的人。老板正在那儿指挥着一群建筑工，他们在盖一栋摩天大楼。

他问老板："我长大之后，怎么做才能成为和您一样成功的人呢？"

"首先要勤奋。"

"我知道勤奋很重要，还有什么呢？"

"买一件红衣服穿上！"

他满腹狐疑地问："这与成功有关吗？"

那人指着旁边一个工人说："你看那个人，这么多人就他一个人穿红衣服，他与众不同的穿着引起了我的注意。我认识并发现了他的才能，过几天，我还准备给他升官呢！"接着，他又指着前面的一群工人说，"你看他们都穿着清一色的蓝色衣服，所以我一个都不认识。"

上面这个故事与薛仁贵身穿白袍杀入敌阵有异曲同工之妙！事情就是这样，我们在分析一些成功者的方法时，往往都能发现一些相通的道理。不仅仅是"少数者策略"，大部分成功的人还用过其他许多相同的策略。

分段实现人生目标

人们在现实中做事之所以半途而废，不是因为难度较大，而往往是因为觉得成功离我们较远。换句话说，我们不是因为做不到，而是不想做。

在一次国际马拉松邀请赛中，一名选手夺得了世界冠军，他就是山田本一。但以前从没有人听说过他的名字，因此他的夺冠令很多人感到极为吃惊。记者问他取得如此惊人的成绩靠的是什么，他回答说：

199

"靠智慧战胜对手。"

对于他的这种回答，许多人认为是这个获得第一的矮个子选手在故弄玄虚。马拉松赛只要身体素质好，又有耐性就有望夺冠，力量和速度都还在其次，因为这种比赛是拼耐力的运动，说用智慧取胜确实有点勉强。

两年后，马拉松邀请赛又一次举行，他代表国家队再次参加了比赛。让人惊奇的是，他这一次又获得了世界冠军。记者又请他谈谈经验。

不擅言谈的他回答的仍是上次那句话："凭智慧战胜对手。"和上次不一样的是，记者没再嘲笑他，但对他的回答仍是不解。

怎样制定目标金字塔

如果把金字塔的塔顶比喻为你的人生目标，那么你的每一个小目标和为达到目标而做的每一次努力，都必须向着塔顶前进。

从下到上，金字塔共分4层。最上面的一层虽然最小，却是金字塔的核心，也是你人生的总体目标。下面每一层都是较小的目标，都是为实现上一层的较大目标而需要完成的。

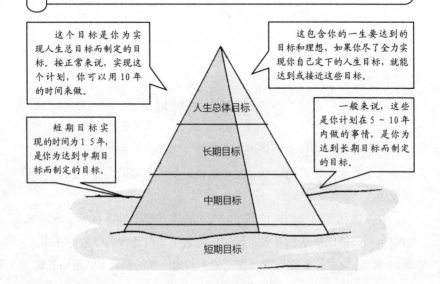

这个目标是你为实现人生总目标而制定的目标。按正常来说，实现这个计划，你可以用10年的时间来做。

这包含你的一生要到达的目标和理想，如果你尽了全力实现你自己定下的人生目标，就能达到或接近这些目标。

短期目标实现的时间为15年，是你为达到中期目标而制定的目标。

一般来说，这些是你计划在5～10年内做的事情，是你为达到长期目标而制定的目标。

人生总体目标

长期目标

中期目标

短期目标

这个谜在 10 年后终于解开了，他在自传中这样写道："我在每次比赛之前都要乘车把比赛的线路仔细看一遍，一边看一边画，把沿途坐标式的东西记下来，比如银行、大树、红房子……一直到赛程终点的路上所有的标志性东西。在比赛的时候，我就把记下来的东西当成是每一个目标，以百米赛跑的速度向每一个目标冲去。其实我刚开始接触马拉松比赛的时候，和大多数人一样，把自己的终点定在 40 多千米外终点线上的那面旗帜上，但当我跑到将近一半的时候，就感到越来越累，因为我想到了前面还有如此遥远的距离。所以我想到了这个办法，把 40 多千米的赛程分解成这么几个小目标，这样让自己感觉自己离目标很近，就能很轻松地跑完了。"

我们有目标才有前进的力量，宏大的目标能激发我们心中的力量，但如果目标距离我们太远，我们就会像一些马拉松运动员一样，因为长时间没有实现目标而丧气，进而可能会放弃比赛，这一点在马拉松比赛中是很常见的。实现远大的目标，山田本一为我们提供了一个好方法，那就是把自己的宏伟目标分成一个个容易完成的小目标，用这种方式慢慢实现自己的大目标。

其实这种方法就是博弈论中"自组织临界"理论的一种应用。远景目标就像横亘在人们面前的一条大河，要想过河就要把船慢慢划过去，把每一桨当成一个微小的目标，才能达到河的对岸。因此当我们有一个一时不能完成的大目标时，我们要想法把它分解成一个一个的小目标，就会坚定勇敢地为了目标而努力，避免让自己出现畏惧的心理。

一般人都会制定短期目标，这也是奋斗者的主要策略，但是，大部分人不知道怎么制定短期目标，也不知道短期目标什么重要，什么不重要。短期目标的作用很大，而且很容易完成，长久地坚持下去就可以，它是我们集中力量努力完成每一阶段目标的基础。

除此之外，你还应该做一些日常规划。它是你为达到短期目标而定的每日、每周及每月的任务。人生中每一个问题的解决，都要一步一步地来，从冷静沉着中寻找出可行的办法，而不能一蹴而就。

卡耐基在一次演讲时说："胸有成竹才能举重若轻，时机尚未成熟不能强来，想一步登天的结果只能是一败涂地。"

人要想顺利、轻松地实现自己宏伟的目标，就必须制定每一个事业发展阶段的"短期目标"，一步一个脚印按目标向前走。正所谓"不积跬步，无以至千里；不积小流，无以成江海"。只有这样，你才可以踏着这些"台阶"达到成功的目标。虽然成功的速度越快越好，但是不能操之过急，不然就会有不可避免的阻力，甚至会让你倒退而不是进步。

机会只留给有准备的人

一个做生意总是失败的年轻人来到了普济寺，沮丧地对高僧释圆说："人生不如意的事太多了，我总是失败，活着还有什么意思呢？还不如死了好，一了百了。"

听完年轻人的叹息和絮叨后，释圆大师静静地吩咐自己旁边的小和尚道："烧一壶温水送过来。这位施主远道而来，一定口渴了。"

小和尚不一会儿就回来了，送来一壶温水。释圆沏好茶，把杯子放在茶几上，微笑着请年轻人喝茶。茶叶一直浮在杯口，杯子只是冒出淡淡的水汽。年轻人不解地问："贵寺用温水泡茶，怎么不用沸水泡茶？温水是泡不开的。"释圆笑而不答。年轻人端起杯子喝了一口，不禁皱起头："茶叶一点也没泡开，没一点茶味。"释圆说："这可是闽地名茶铁观音啊！"年轻人又端起杯子，又品了一下，然后说："真的没有一点茶味。"

释圆又吩咐小和尚："去烧一壶沸水。"不一会儿，小和尚提着一壶冒着浓浓白汽的沸水走了进来。释圆取过一个杯子，重新沏了一杯茶放在桌子上。年轻人看到茶叶在杯子里上下沉浮，一缕清香飘入鼻端。年轻人正欲端杯饮茶，释圆却阻止了他。但见释圆提起水壶,往年轻人的杯子里注入一线沸水。茶叶在杯子里不断地翻腾着,一缕更浓郁的茶香弥漫开来,飘在空气中。在杯子注满之后,释圆停了下来。

释圆笑着问年轻人:"两次泡茶用的都是铁观音,茶味却不同,施主以为这是怎么回事?"年轻人回答道:"第一次用温水,第二次用沸水,用了不同的水,茶味自然不同。"释圆点头:"温水沏茶,茶叶轻浮水上,是泡不开的;沸水沏茶,反复几次,茶叶沉沉浮浮,茶香自然就出来了。用水不同,则茶叶的沉浮就不一样。世间芸芸众生,也和沏茶是同一个道理。你自己的能力不足,要想处处得力、事事顺心自然很难,就像沏茶的水温度不够,就不可能沏出散发诱人香味的茶水。要想摆脱失意,最有效的方法就是苦练内功,切不可心生浮躁。就像沸水泡茶一样,慢慢地经过反复几次的浮浮沉沉,才能品得到茶香。"

人生需要慢慢积淀,当时机成熟,成功不在话下。就像上面所说的一样,当水温到达一定程度了,茶香自会飘散出来。成功是一个积累的过程。心浮气躁的结果只能是陷入失败的深渊。

记得曾经有一个关于动物科学的电视节目,有一期的内容是这样的:只有经过一段足够长的水面滑翔,天鹅才能展翅高飞;如果天鹅在蓝天上难以展翅飞翔,那一定是因为滑翔长度过短。人也是这样,在普通的日子里,你要不断地努力,才能把这些沉寂的日子转化为成功的一部分。这也是你成功的保证。

在"稻草原理"中,最后一根稻草终于使骆驼在那一瞬间倒下,但让骆驼倒下的根本原因绝不只是最后那一根稻草,假如不是前面的稻草作铺垫,骆驼怎么可能倒下?这说明成功绝不是一蹴而就的,只有静下心来,不断地积蓄自己的力量才能够成功。

曾有这样一则故事:

有一个小叫花子,整日手里拿着一根木棍到处流浪,这天他碰到一个老道。老道告诉他,你没事就画一个方框,只要能坚持,也许我们再相见时，你就可以改变自己，不用要饭了。小叫花子想了想老道的话，心想反正闲来无事，便用木棍画方框，后来他竟然能用成千上万种法子画方框。

老道在云游的时候，又碰到了一个放牛的牧童。他告诉牧童，用那木棍在地上画一竖，只要能时时练习，也许我们再见面时，你就不用以放牛为生了。牧童很听话，在放牛闲散之余，就用木棍画那一竖。

时间一晃过去了 20 年，老道临终时把这两个人叫到了一起，并让他们合写了一个"中"字。这个"中"字可谓空前绝后。

后来，乞丐和牧童都成了书法史上的传奇人物。

破窗理论

在现实生活中，存在着形形色色的理论，也存在着形形色色的悖论，很多社会现象都带有悖论色彩。比如，在经济学理论中的"破窗理论"就是这样，虽然这个理论的名声不好，但它却常常被人运用。在讲述这个理论之前，我们先看看一个有趣的"偷车试验"。

1969 年，美国斯坦福大学心理学家菲利普·詹巴斗在两个不同的街区分别停放两辆一模一样的汽车。在中产阶级居住的帕罗阿尔托社区，他停放了一辆完好无损的汽车；而在相对杂乱的布朗街区，他将另一辆摘掉车牌、打开顶棚的车停放在那里。结果，停在帕罗阿尔托社区的那一辆汽车，过了一个星期还是像原先一样停放在那里；而停放在杂乱的布朗街区的那一辆车，仅仅过了几个小时就被偷走了。詹巴斗之后用锤子砸那辆完好无损的汽车，把车窗玻璃砸出个大洞。没过多久，这辆车也被偷走了。

1982 年，政治学家威尔逊和犯罪学家凯琳以这项试验为基础，提出了一个"破窗理论"。威尔逊和凯琳认为，秩序的混乱必然导致犯罪。假如一栋建筑物的一扇窗户上的玻璃破了一个洞，如果没有修理的话，那么当有人看到它时，就会产生这样的想法："这是个没有秩序的家庭，无人关心、无人管理，既然已经坏了，让它更坏一些也没什么，我们可以去打碎更多的玻璃。"

不仅如此，这种想法还会不断地在这座大楼附近向相邻的街道"传染"。与此同时，违规犯罪行为在这种氛围下就会不断地滋生和蔓延。威尔逊和凯琳还提出，"破窗"现象还可以解释类似公共场所内乱涂乱画、秩序混乱等问题。

从"偷车试验"和"破窗理论"中我们可以得出这样两个启示：

一是一些不为人所注意的细小事件可能会导致一些重大问题的发生，而解决一些重大问题可能只需要从处理细枝末节的问题入手就可以，这将起到"四两拨千斤"的作用。

二是人的心理和行为会被其他人的行为、发出的信息或者是制造的现象所诱导，因为这些都具有强烈的暗示性和诱导性。对于可能产生不良后果的行为、信息或者现象，我们必须保持积极的警觉态度，如果碰到了"第一个被打碎的窗户玻璃"的人，我们就去做"第一个修补窗户的人"。"防微杜渐"就是这个意思。

如果窗户没有窟窿，就没有人想第一个去破坏它；但是，假如窗户上有了一个哪怕是很小的窟窿，就会有一群人想法把它变成"大窟窿"。奇怪的是，在日常生活和工作中，符合这种奇怪的"破窗理论"的现象随处可见：

有人在干干净净的墙壁上贴了一张广告。没过多久，大大小小的许多广告纸就会覆盖这面墙壁。

很多不同种类的盆栽鲜花摆放在广场上，花很美丽，没有人去采摘。有一次，不知谁带头摘取了一朵鲜花；旁边一个人看到了，但看到的人并没有警告摘花者，而是跟着摘了两朵更漂亮的；第三个人也看见了前两个人的行为，也摘了几朵漂亮的花匆匆离去……没过几天，广场上的鲜花便没有多少了，只剩下一些残枝和地上枯萎的花瓣。最为离谱的是，有人竟然连花带盆一起搬回自己的家中；同样地，第二个、第三个……将花盆"私有化"的人不断涌现，大摇大摆地，就像搬自家东西一样毫无顾忌。

住宅区的绿化带上，本来是不让行人走的。后来，也许是因为着急，有人从上面抄近而走。但是，过不了很长时间，在这片绿色的草地上，就会出现一条用双脚开辟出来的小路。鲁迅先生说："世上本没有路，走的人多了也便成了路。"没想到竟然用在了这个"路"上。

不仅仅在这些日常事务上，"破窗理论"在企业管理上也有着极其重要的意义。有些领导对于违反公司程序或廉政规定的行为不以为意。违规员工因为没有被惩罚，其他员工便尽相效仿，类似的行为不断发生，且日益严重。因此，如果公司没有对员工已经犯的错误行为引起足够的重视，及时"修好第一扇被打碎玻璃的窗户"，那么，迟早有一天会发生"千里之堤，溃于蚁穴"的结果。

有一家规模不大的公司，它的员工很注重诚信，公司更是有着良好的售后服务。这也使这家公司在所属行业的激烈竞争中占有一席之地。

有一次因为失误，这个公司的销售员王小姐将一台没装机芯的样机卖给了一名外地来的顾客。部门负责人在得知这一情况后，迅速给公关部门下令，要他们在最短的时间内全力寻找到该顾客。接到命令后，公关部工作人员开始了行动，但他们只知道这位顾客的姓名和职业，其他的一概不知。他们连夜打了35个紧急电话，询问了不同的政府部门及其他一些人，才找到了该顾客的住址和电话，然后代表公司向这位顾客道歉。因为他们处理得非常及时，为公司挽回了声誉，也避免了一定的损失。事实证明，他们这么做有多么的重要！

这位买了样机的人是一家报社的记者，回到家时发现刚买的唱机无法使用，气愤之下连夜写了一篇旨在揭露事实真相、无情鞭挞该公司的新闻报道——《笑脸背后的真面目》，打算交给报社，让报社发表在第二天的报纸上。就在这时，她接到了该公司公关部人员打来的道歉电话。在电话中，她了解到，该公司处理此事的全部过程，极为感动，迅速用仅剩的一些时间将稿件《笑脸背后的真面目》改为《35个紧急电话》。不仅标题变了，内容也变了，内容由鞭挞、揭露变成了表扬、称赞。

这篇报道为这家公司提高了声誉，也增加了不少的顾客。

这是一则在企业管理中防范"破窗理论"的典型事例。管理者在管理实践中，必须高度警觉。有些虽小但却触犯了公司的灵魂和核心价值的错误，不能一笑了之，或者因为"熟"就不了了之。所谓"亡羊补牢，为时未晚"，建立一种防范和修复"破窗"的机制，并严厉惩治"破窗"者，绝不姑息纵容，尤其是第一个"破窗"者。与此同时，公司也要对"补窗"的人进行鼓励和奖励。做好这些，公司才能有稳固的发展。

由上可见，"破窗理论"并不是没有破解方法。这其中，破窗有没有得到及时的修复是关键。对于这样的"破窗"，如果能做到破一扇就修一扇，啥时破就啥时修，那就等于把隐患和苗头都消灭在萌芽状态，就不会再出现"破窗理论"的结果。

第八章

枪手博弈

谁能活下来

在博弈论的众多模式中，有一个模式可以被简单概括为"实力最强，死得最快"。这就是"枪手博弈"。

该博弈的场景是这样设定的：

有三个枪手，分别是甲、乙、丙。三人积怨已久，彼此水火不容。某天，三人碰巧一起出现在同一个地方。三人在看到其他两人的同时，都立刻拔出了腰上的手枪。眼看三人之间就要发生一场关乎生死的决斗。

当然，枪手的枪法因人而异，有人是神枪手，有人枪法特差。这三人的枪法水平同样存在差距。其中，丙的枪法最烂，只有40%的命中率；乙的枪法中等，有60%的命中率；甲的命中率为80%，是三人中枪法最好的。

接下来，为了便于分析，我们需要像裁判那样为三人的决定设定一些条件。假定三人不能连射，一次只能发射一颗子弹，那么三人同时开枪的话，谁最有可能活下来呢？

在这一场三人参与的博弈中，决定博弈结果的因素很多，枪手的枪法，所采用的策略，这些都会对博弈结果产生影响，更何况这是一个由三方同时参与的博弈。所以，不必妄加猜测，让我们来看看具体分析的情况。

在博弈中，博弈者必定会根据对自己最有利的方式来制定博弈策略。那么，在这场枪手之间的对决中，对于每一个枪手而言，最佳策略就是除掉对自己威胁最大的那名枪手。

对于枪手甲来说，自己的枪法最好，那么，枪法中等的枪手乙就是自己的最大威胁。解决乙后，再解决丙就是小菜一碟。

对于枪手乙来说，与枪手丙相比，枪手甲对自己的威胁自然是最大的。所以，枪手乙会把自己的枪口首先对准枪手甲。

再来看枪手丙，他的想法和枪手乙一样。毕竟，与枪手甲相比，枪手乙的枪法要差一些。除掉枪手甲后，再对准枪手乙，自己活下来的概率总会大一些。所以，丙也会率先向枪手甲开枪。

这样一来，三个枪手在这一轮的决斗中的开枪情况就是：枪手甲向枪手乙射击，枪手乙和枪手丙分别向枪手甲射击。

按照概率公式来计算的话，三名枪手的存活概率分别是：

甲 $=1-p(乙+丙)=1-[p(乙)+p(丙)-p(乙)p(丙)]=0.24$

乙 $=1-p$ 甲 $=0.2$

枪手博弈：弱者的生存智慧

枪手博弈告诉我们：一位参与者最后是否能胜出，不仅仅取决于自己的实力，更取决于实力对比关系以及各方的策略。

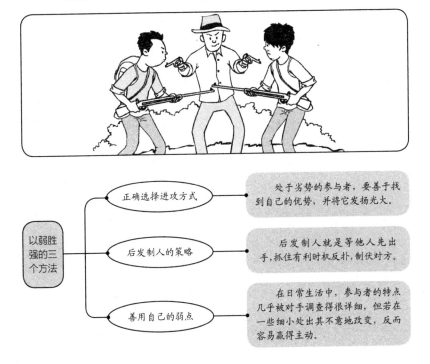

以弱胜强的三个方法

正确选择进攻方式 —— 处于劣势的参与者，要善于找到自己的优势，并将它发扬光大。

后发制人的策略 —— 后发制人就是等他人先出手，抓住有利时机反扑，制伏对方。

善用自己的弱点 —— 在日常生活中，参与者的特点几乎被对手调查得很详细，但若在一些细小处出其不意地改变，反而容易赢得主动。

丙 =1–0=1

也就说，在这轮决斗中，枪手甲的存活率是 0.24，也就是 24%。枪手乙的存活率是 0.2，也就是 20%。枪手丙因为没有人把枪口对准他，所以他的存活率最高，是 1，即 100%。

我们知道，人的反应有快有慢。假设三个枪手不是同时开枪的话，那么情况会出现怎样的变化呢？

同样还是每人一次只能发射一颗子弹，假定三个枪手轮流开枪，那么在开枪顺序上就会出现三种情况：

（1）枪手甲先开枪。按照上面每个枪手的最优策略，第一个开枪的甲必定把枪口对准乙。根据甲的枪法，会出现两个结果，一是乙被甲打死，接下来就由丙开枪。丙会对着甲开枪，甲的存活率是 60%，丙的存活率依然是 100%。另一种可能是乙活了下来，接下来是由乙开枪，那么甲依旧是乙的目标。无论甲是否被乙杀死，接下来开枪的

与弱者合作的策略

两个弱者之和大于二

当时 eBay 想花 10 亿美元并购令其头痛的阿里巴巴及淘宝，以扫除中国市场障碍。作为当时 eBay 在中国最强大的对手——阿里巴巴比较全球电子商务霸主 eBay 而言，明显处于弱势地位。

既然是弱者，阿里巴巴要做的就是寻找一个合作者，通过策略成为优势合作者。而其与雅虎的联手足以与 eBay 进行抗衡。

是丙。丙的存活率依然是 100%。

（2）枪手乙先开枪。和第一种情况几乎一样，枪手丙的存活率依然是最高的。

（3）枪手丙先开枪。枪手丙可以根据具体情况稍稍改变自己的策略，选择随便开一枪。这样下一个开枪的是枪手甲，他会向枪手乙开枪。这样一来，枪手丙就可以仍然保持较高的存活率。如果枪手丙依然按原先制定的策略，向枪手甲射击，就是一种冒险行为。因为如果没有杀死甲，枪手甲会继续向枪手乙开枪。如果杀死了枪手甲，那么接下来的枪手乙就会把枪口对准枪手丙。此时，丙的存活率只有 40%，乙便成了存活率最高的那名枪手。

在现实生活中，最能体现枪手博弈的就是赤壁之战。当时，魏蜀吴三方势力基本已经形成。三方势力就相当于三个枪手。其中，曹操为首的魏国实力最强，相当于是枪手甲。孙权已经占据了江东，相当于实力稍弱的枪手乙。暂居荆州的刘备实力最弱，相当于枪手丙。当时，曹操正在北方征战，无暇南顾，三家相安无事。

公元 208 年，曹操统一了北方后，决定南征。关系三家命运的决战就此开始。对于曹操来说，东吴孙权的实力较强，对自己的威胁最大，自然要先对东吴下手。于是，曹操在接受了投降自己的荆州水军后，率大军向东，直扑东吴而来。

此时，对于被曹操追得无处安身的刘备来说，最佳的策略就是与东吴联手，才能有一线存活的希望。曹操在实力上强于孙权，如果孙权战败，下一个遭殃的就是自己。如果孙权侥幸获胜，灭掉了曹操，那么待东吴休养生息后，必定要拿自己开刀。所以，诸葛亮亲自前往江东，舌战群儒，让两家顺利结盟。

一旦孙刘两家结成联盟，东吴意识到自己不拼死一战，就可能再无存身之所，自然积极备战，在赤壁之战中承担了主要的战争风险。而刘备也借此暂时获得了休养生息的机会，为日后入主四川积蓄了力量。

历史上与此相似的情形有很多，在国共联合抗日之前，侵华的日本军队、国民党军队和共产党领导的红军，三者之间也是枪手博弈的情况。

其实，枪手博弈是一个应用极为广泛的多人博弈模式。它不仅被应用于军事、政治、商业等方面，就连我们日常生活中也可以看到枪手博弈的影子。通过这个博弈模式，我们可以深刻地领悟到，在关系复杂的博弈中，比实力更重要的是如何利用博弈者之间的复杂关系，制定适合自己的策略。只要策略得当，即使是实力最弱的博弈者也能成为最终的胜利者。

另一种枪手博弈

在枪手博弈这个模型中，仅就存活率而言，枪法最差的丙的存活率最高，枪手乙次之，枪法最好的甲的存活率最低。那么，我们重新设定一下三名枪手的命中率，看看会出现怎样的结果。

假设仍然是三名枪手，甲是百发百中的神枪手，命中率100%；乙的命中率是80%，丙的命中率是40%。枪手对决的规则不变，依然是只有一发子弹。每个枪手自然会把对自己威胁最高的人作为目标。那么甲的枪口对准乙，而乙和丙的枪口必定对准甲，没有人把枪口对准丙。

按照之前换算存活率的公式计算，会得出这样的结果：

甲的存活率=20%×60%=12%

乙的存活率=100%－100%=0

丙的存活率=100%

我们只是稍稍提高了甲和乙的命中率，结果就出现了一些变化。实力最差的丙依然具有最高的存活率，这一点没有变。存活率最低的枪手却由甲变成了乙。可见，枪手对决的条件一旦发生细微的变化就有可能导致不同的博弈结果。也就是说，在特定的规则下，枪手博弈也会以另一种形式展现出来。美国的著名政治学家斯蒂文·勃拉姆斯教授就在他的课堂上向我们展示了另一种形式的枪手博弈。

勃拉姆斯教授在美国纽约大学的政治学系任教。他在为该系研究生授课的时候，开设了一门名叫"政治科学中的形式化模拟方法"的

理性的智者生存博弈

增强自我分析能力：在策略选择时，详尽的理性分析是必需的。

进行信息战：信息是做出正确选择的关键，掌握一定量的信息，才能做出有利于自己的选择。

弱化对手理性判断能力：在某些博弈中，可以通过某种策略使对方的理性能力降低，从而使自己有效地实现目标。

保存实力：当自己无法与敌人抗衡时，或没有十足获胜的把握时，保存实力是最好的策略。

课程。

他在课堂上挑选了 3 个学生，要求他们参加一个小游戏。他告诉参加游戏的三名学生，他们每个人扮演的角色都是一个百发百中的神枪手。自己是仲裁者。现在，三个枪手要在仲裁者的指导下进行多回合的较量。

第一回合：

仲裁者规定每个枪手只有一支枪和一颗子弹。这场较量获胜的条件有两个：第一，你自己要活着。第二，尽可能让活着的人数最少。

在给出这样的条件后，勃拉姆斯教授提出的问题是：当仲裁者宣布开始后，枪手要不要开枪？

针对这种决斗条件，对于 3 个枪手的任何一个来说，都有 4 种结果：自己活着，另外两个死了；死了一个枪手，自己和另一个枪手活着；另两个枪手活着，自己死了；三个人都死了。对参加决斗的任何一个枪手而言，"自己活着，别人都死了"无疑是最好的结果。当然，最差的结果就是"自己死了，别人还活着"。

那么，参加游戏的三个学生选择的答案是怎样的呢？答案是，当仲裁者一声令下后，三个学生都选择了开枪，而且开枪的目标都是另外两人中的一个。

勃拉姆斯教授对此的评价是：三个人作出的选择都是理性的选择，而且对于每个枪手来说，都是最优策略。因为根据这个回合的较量规则来说，枪手的性命并没有掌握在自己手中，而是取决于另外两人。从概率的角度来说，如果选择开枪，将另外两人中的一个作为对象的话，那么，所有人中枪的概率差不多都是均等的。但是，如果选择不开枪，那么就等于自己存活的概率降低，另外两人存活的概率上升。

第二回合：

依然是这 3 个枪手。不过，其中一个枪手被允许率先开枪。目标随意，可以选择另外两个枪手，也可以选择放空枪。

勃拉姆斯教授让其中一个学生作出选择。这名学生的答案是：放空枪。

对于这名学生的选择，勃拉姆斯教授认为是非常理性的选择。他这样解释自己的观点，当一名枪手可以率先开枪，就会出现两种选择：

（1）放空枪。

这种选择的结果是，另外两名枪手都将把枪指向对方。因为一名枪手只有一枚子弹。当这名枪手选择了放空枪后，他对于另外两名枪手就不再具有威胁性。这样一来，对于另外两名枪手而言，两人互成威胁。所以，必然会把枪口指向对方。

当然，两人也有可能因为意识到一点。这么做的结果是两人自相残杀，双双死亡，反而让放空枪的枪手独自存活。于是，两人可能达成一种共识，都把自己的这发子弹射向放空枪的枪手，两人共存。

不过，对于这两名枪手来说，毕竟放空枪的枪手已经毫无威胁，而真正对自己构成威胁的是另一名枪手。一旦对方把子弹射向放空枪的枪手，自己的最优策略就是向对方开枪。于是，新的问题又出现了。假如两人都这么想，那么两人之前所达成的共识便会就此打破，然后进入自相残杀状态，陷入循环。

（2）选择其余任何一个人作为自己射击的目标。

这种选择的结果是，两名枪手死亡，一名枪手独活。

只要他开枪，被选作射击目标的那名枪手就会死亡。不过，一旦他射出了自己仅有的子弹后，剩下的那名枪手就会毫不犹豫地把枪口对准他。最终，他在杀死别人后，也会被剩余的那名枪手杀死。

所以，勃拉姆斯教授得出的结论是："一个理性的枪手在规则允许的条件下，会选择放空枪。"

勃拉姆斯教授所演示的枪手博弈应当说是对枪手模式的一种延

展。其实，无论是以何种形式出现，枪手博弈所揭示的内容都是：决定博弈结果的不是单个博弈者的实力，而是各方博弈者的策略。

当你拥有优势策略

从某种程度上来说，枪手博弈可以说是一个策略博弈。因为这种博弈的结果与博弈者的实力没有非常直接的关系，博弈者所采取的策略反而会直接影响到博弈的结果。

在博弈论中有一个概念，英文写作"Dominant Strategy"，即优势策略。那么，什么是优势策略呢？在博弈中，对于某一个博弈者来说，无论其他博弈者采用何种策略，有一个策略始终都是最佳策略，那么，这个策略就是优势策略。简单来说，就是"某些时候它胜于其他策略，且任何时候都不会比其他策略差"。

举一个简单的例子。假如你是一个篮球运动员，当你运球进攻来到对方半场的时候，遭遇了对方后卫的拦截。你的队友紧跟在你的后面，准备接应。于是，你和队友一起与对方的后卫就形成了二对一的阵势。此时，你有两种解决方法。一是与对方后卫单打独斗，带球过人。二是与队友配合，进行传球。

那么，这两种做法就是可供你选择的策略。先看第一种，与对方后卫单对单，假如你运球和过人的进攻技术比对方的防守技术要好，那么，你就能赢过对方。假如对方的防守技术比较厉害，那么就有可能从你手中将球断掉。如果从这个角度来说，这个策略的成功概率只有 50%。

再看第二种，你和队友形成配合。很显然，你和队友在人数上已经压倒了对方，而且两人配合变化频繁。采用这个策略，就会使你突破对方的防守获得很高的成功率。而且，无论对方做出怎样的举动，都无法超越这个策略所达到的效果。所以,"把球传给队友,形成配合"就是你的优势策略。

不过,关于优势决策需要强调一点:"优势策略"中的"优势"意思是对于博弈者来说,"该策略对博弈者的其他策略占有优势,而不仅是对博弈者的对手的策略占有优势。无论对手采用什么策略,某个参与者如果采用优势策略,就能使自己获得比采用任何其他策略更好的结果"。

下面,我们以经典案例《时代》与《新闻周刊》的竞争为例,来对"优势策略"的上述情况进行说明。

《时代》和《新闻周刊》都是一周一期的杂志。作为比较知名

选择优势策略,隐藏劣势策略

优势策略是指我们的这个策略相对于我们的其他策略占有优势,而不是相对于对手的策略占有优势。

一定要从这里面找出一个最好的来,这样才有胜的可能。

在参与博弈的过程中一定要有一个优势策略。

找不出哪根最好看,就把不好看的先剪掉。

如果没有优势策略,就要剔除劣势策略。

的杂志，这两家杂志社都有固定的消费者。不过，为了吸引通过报摊购买杂志的那些消费者，每一期杂志出版前，杂志社的编辑们都要挑选一件发生在本周内，比较重要的新闻事件作为杂志的封面故事。

这一周发生了两件大的新闻事件：第一件是预算问题，众参两院因为这个问题争论不休，差点儿大打出手。第二件是医学界宣布说研制出了一种特效药，对治疗艾滋病具有一定的疗效。

很显然，这两条新闻对公众而言，都非常具有吸引力。那么，这两条大新闻就是封面故事的备选。此时，两家杂志社的编辑考虑的问题是，哪一条新闻对消费者的吸引力最大，最能引起报摊消费者的注意力。

假定所有报摊消费者都对两本杂志的封面故事感兴趣，并且会因为自己感兴趣的封面故事而购买杂志。那么，会存在两种情况：

第一种，两家杂志社分别采用不同的新闻作为封面故事。那么，报摊上的杂志消费者就可以被分为两部分，一部分购买《时代》，一部分购买《新闻周刊》。其中，被预算问题吸引的消费者占35%，被艾滋病特效药吸引的占65%。

第二种，两家杂志社的封面故事采用了同一条新闻。那么，报摊上的杂志消费者会被平分为两部分，购买《时代》和《新闻周刊》的消费者各占50%。

在这种情况下，《新闻周刊》的编辑就会作出如下的推理：

（1）如果《时代》采用艾滋病新药作封面故事，而自家的封面故事采用预算问题，那么，就可以因此而得到所有关注预算问题的读者群体，即35%。

（2）如果两家的封面故事都是治疗艾滋病的新药，那么，两家共享关注艾滋病新药的读者群体，即32.5%。

（3）如果《时代》采用预算问题，而自家选用艾滋病新药，那么，就可以独享关注艾滋病新药的读者，即65%。

（4）如果两家都以预算问题为封面故事，那么，共享关注预算的读者群，即 12.5%。

在上述分析的 4 种结果中，如果仅从最后的数据来看，第三种情况给《新闻周刊》带来的利益更大。但是，《新闻周刊》的编辑不知晓《时代》的具体做法。这就存在两家选用同一封面故事的可能。如果《新闻周刊》选用艾滋病新药的消息后，一旦《时代》也选用同样的新闻，那么《新闻周刊》可以获得的利益就由 65% 降至 32.5%。所以，对于《新闻周刊》来说，无论《时代》选择两条新闻中的哪一条作为自己的封面故事，艾滋病新药这条新闻都是《新闻周刊》最有利的选择。所以，《新闻周刊》的优势策略就是第二种方案。

根据这些分析，我们可以得出这样的结论：当博弈情况比较复杂的时候，每个博弈者都会拥有不止一个策略，会出现几个可供选择的策略。那么，博弈的参与者就可以从中挑选出一个无论在任何情况下都对自己最有利的策略，这个策略就是该博弈者的优势策略。

博弈者都拥有各自优势策略的情况并非是常态。在博弈中也会存在只有某一个博弈者的决策优于其他博弈者决策的情况。那么，在这种博弈情况下，博弈者应该采取怎样的行动呢？

仍然以《新闻周刊》和《时代》之间的竞争为例。在案例原有的条件基础上，再设定两个条件：条件一，两家杂志的封面故事选择了同一条新闻。条件二，报摊消费者比较喜欢《新闻周刊》的制作风格。

在第一个假定条件的作用下，我们根据上面的分析，可以得知两家的最优决策依然都是选择艾滋病新药，两家各分得 32.5% 的消费者，实现共赢。不过，加上第二个假设条件后，《新闻周刊》和《时代》之间的博弈情况就发生了变化，两家杂志在选用同样封面故事的时候，在对占有消费者的份额上出现了差别。

假设选择购买《新闻周刊》的消费者是消费全体的 60%，购买《时代》的消费者是40%。那么, 选用艾滋病新药作为封面故事就不再是《时代》杂志的优势策略了。对于《时代》来说, 自己此时的优势策略则是选择预算问题作为封面故事。

在这种情况下, 博弈双方的优势策略就不再与对方无关, 而是要根据对方的优势策略来制定自己的优势策略。

就像上文所述, 选择艾滋病新药依然是《新闻周刊》的优势策略。那么,《新闻周刊》的编辑们必定会以这条消息作为封面。与此同时,《时代》的编辑们通过分析, 可以确定《新闻周刊》的具体选择。于是,《时代》就可以根据这一分析结果, 结合自己的实际情况, 选择预算问题

根据对方的策略制定自己的最优策略

如果博弈者只有一方占有优势的话, 那么另一方的优势策略, 就是根据对方的策略制定属于自己的最优策略。

作为封面故事，为自己赢得关注预算问题的消费者。

此时，《新闻周刊》和《时代》之间的博弈就不再是同步博弈，而是转变成了博弈者相继出招的博弈。由于博弈者之间的情况已经发生了变化，所以博弈者此时就要非常慎重，要结合当时博弈的具体情况，重新评估自己的优势策略。

假如自己已经知晓了对方采用的策略，那么根据对方可能会采取的策略，所制定出的具有针对性的应对策略就是你的优势策略。

出击时机的选择

通过枪手博弈，我们了解到在关系复杂的博弈中，博弈者采用的策略将会直接影响博弈的结果。所以，枪手博弈可以看作是一种策略博弈。

对于策略博弈来说，最显著的特点就是博弈的情况会根据博弈者采取的策略而发生变化。博弈者为了获得最终的胜利，彼此之间会出现策略的互动行为。这就导致博弈者所采用的策略与策略之间，彼此相互关联，形成"相互影响、相互依存"的情况。

在通常情况下，这种策略博弈有两种形式。一种是"Simultaneous-movegame"，即同时行动博弈。在这种博弈中，博弈者往往会根据各自的策略同时采取行动。因为博弈者是同时出招，博弈者彼此之间并不清楚对方会采用何种策略。所以，这种博弈也被称作一次性博弈。

很多人都读过美国作家欧·亨利的短篇小说《麦琪的礼物》。故事讲述了一对穷困潦倒的小夫妻之间相互尊重、相互关心的爱情故事。

在这个故事中，妻子和丈夫可以分别被看作是参与博弈的双方。双方的目的是准备一份最好的圣诞礼物。于是，妻子和丈夫都开始制定各自的行动策略。妻子的策略是出卖自己的长发。丈夫的策略是出卖自己祖传的金表。两人交换礼物就相当于同时出招，在此之前，妻子不知道丈夫的策略，丈夫也不知道妻子的策略。当两人同时拿出礼物后，博弈结束。

策略博弈的另一种形式是"Sequential Game"，即序贯博弈，也被称作相继行动的博弈。棋类游戏是这种博弈形式最形象也最贴切的表现。

拿围棋来说，两个人一前一后，一人一步地进行博弈。通常情况

向前展望，向后推理

能很好地把博弈论科学和具体的博弈艺术相结合，是个人成功的必要条件之一。在面对复杂博弈的时候，你应该在你的最大推理范围内，把向前展望、倒后推理的原则和引导你判断中盘局面价值的经验结合起来。

我要前瞻后推才能取得成功。

方法

预测对方的行动

尝试站在对方的立场上去考虑问题时要忘掉自己的立场。

我就知道他会这样下。

我们换一下立场，就知道对方最想要什么了。

立场　　立场

下，我们在走自己这步棋的时候，就在估算对方接下来的举动，然后会思考自己如何应对。就这样一步接一步地推理下去，形成一条线性推理链。

你没有优势策略，又该怎么办呢

如果博弈者拥有优势策略，那么就可以完全不必顾忌其他对手，只要按照优势策略采取行动就好。但是，如果你没有优势策略，又该怎么办呢？

首先，站在对方的角度上进行分析，确定对方的最优策略。

然后，根据对方的优势策略，你就可以选择把自己的劣势策略先排除。

在排除劣势策略的过程中，就可以使博弈情况得到简化。在简化的过程中，你也许会找到对自己有利的策略。

博弈的实际情况可能会更为复杂，但是掌握其中的一些规律，往往会有利于我们应对具体的博弈情况，有据可循。

简而言之,对于参与序贯博弈的博弈者来说,制定策略时需要"向前展望,向后推理"。就像《孙子兵法》中所说的,"势者,因利而制权也"。要根据对方的决策,制定出对自己有利的策略。

商家在进行博弈的时候,经常采用的策略就是在价格上做文章。《纽约邮报》和《每日新闻》两家报纸就曾经在报纸售价上进行过一场较量。

在较量开始前,《纽约邮报》和《每日新闻》单份报纸的售价都是40美分。由于成本的增加,《纽约邮报》决定把报纸的售价改为50美分。

《每日新闻》是《纽约邮报》的主要竞争对手,在看到《纽约邮报》提高了单份报纸的售价后,《每日新闻》选择了不调价,每份报纸仍然只售出40美分。不过,《纽约邮报》并没有立即作出回应,只是继续观望《每日新闻》接下来的举动。《纽约邮报》原以为要不了很长时间,《每日新闻》必定会跟随自己也提高报纸的售价。

出乎意料之外的情况是,《纽约邮报》左等右等,就是不见《每日新闻》做出提高售价的举动。在此期间,《每日新闻》不仅提高了销量,还增添了新的广告客户。相应地,《纽约邮报》因此造成了一定的损失。

于是,《纽约邮报》生气了,决定对《每日新闻》的做法予以回击。《纽约邮报》打算让《每日新闻》意识到,如果它不能及时上调价格,与自己保持一致的话,那么,自己就要进行报复,与其展开一场价格战。

不过,稍有商业知识的人都知道,如果真的展开一场价格战,即便能够压倒对方,达到自己的目的,自己也要付出一定的代价。最危险的结果会是双方都没占到便宜,反而让第三方获益。经过再三思量,《纽约邮报》采取的策略是把自己在某一地区内的报纸售价降为25美分。

这是《纽约邮报》向《每日新闻》发出的警告信号,目的是督促对方提高售价。这种做法非常聪明，既让对方感到了自己释放出的威胁，又把大幅度降价给自己带来的损失降到了最低程度。

《纽约邮报》的做法收效非常明显，在短短几天内该地区的销量就呈现出成倍的增长。最重要的是，《纽约邮报》的这一做法很快就达到了自己的最终目的。《每日新闻》把报纸的售价由 40 美分提高到 50 美分。

对于《每日新闻》来说，当《纽约邮报》提高售价时，自己采取保持原价的策略本身就带有一定的投机性。目的就是想利用这个机会，为自己挣得更多的利益。此时，《纽约邮报》在地区范围施行的售价明显低于报纸的成本。假如自己仍然坚持不提价的话，自己的利益会遭到长时间的损害。假如自己对《纽约邮报》的做法予以回应，也会损害到自己的利益，加之提价对于自己并没有实质性的损害，只是与《纽约邮报》的竞争回到了原来的起点。所以，选择提价是《每日新闻》最好的选择。

其实，无论是博弈者同时出招的一次性博弈，还是博弈者相继出招的序贯博弈，博弈者都要努力寻找对自己最有利的策略。

胜出的不一定是最好的

1894 年，中日之间爆发了著名的甲午海战，日本海军全歼北洋水师。清政府被逼向日本支付巨额的赔款，并割让领土委屈求和。清政府的财政就此崩溃，开始向西方大国借债度日。

当时，由于"天朝大国"美梦的破灭，举国上下都充斥着失望悲观的情绪。清政府的高层也出现了权力更迭。李鸿章由于在甲午海战中的"指挥不力"而被免职。

李鸿章是朝廷中洋务派的代表人物，他自 1870 年出任直隶总督后就开始积极推动洋务运动。可以说，北洋舰队就是李鸿章一手建立起来的。他的免职直接导致了北洋舰队无人掌控的局面。

当时的北洋舰队可谓是军事、洋务和外交的交汇点。谁能执掌北洋舰队，就等于进入了清政府的权力核心。因此，保守派和洋务派在朝堂上因为这个职位的人选，争执不休，吵得面红耳赤。

最终，继任这一职位的是王文韶。为什么一个名不见经传的云贵总督能够接受这么一个让人眼红的职位呢？

首先，接受北洋舰队的人必须是军人出身。如果此人不懂军事，怎么能管理一个舰队呢？王文韶当时的职位是云贵总督，领过兵打过仗。其次，掌管北洋舰队，就免不了要和外国人打交道。因此，此人不能不通外交事务。王文韶曾在总理衙门工作过，对外交事务还算熟悉。第三，保守派和洋务派都认可此人。在为官之道上，王文韶最擅长的就是走平衡木。他本人与代表革新派的翁同龢关系非同一般，又与代表洋务利益的湘军淮军一直保持着良好的关系。此外，由于他会做事，慈禧太后对他的印象也不错。

就这样，王文韶击败了众多才能出众、功高势大的官员，获得了北洋大臣的职位，成为了朝廷新贵。

如果联系枪手博弈的情况，我们会发现王文韶就相当于那个存活概率最高的枪手丙。所谓"两虎相争必有一伤"，以慈禧太后为首的保守派和以皇帝为首的革新派相互倾轧。即便在分属于这两个阵营中的大臣中，有人比王文韶更有才能，比他更适合接任这一职位，也会在两派相争中失去资格。这就让左右逢源的王文韶捡了一个大便宜。

就像枪手博弈中，最有机会活下来的不是枪法最好的甲那样，有些时候，博弈的最终胜出者未必是博弈参与者中实力最好的那一个。

在复杂的多人博弈中，最后胜出的人必定是懂得平衡各方实力、善于谋略的人。就像枪手博弈中的枪手丙，当他具有率先开枪的优势时，他选择了放空枪或是与枪手乙联合，才使自己保住了性命。如果他不懂得谋略，直接向枪手甲开枪，那么就有可能被枪手乙杀死。这一点在军事斗争中体现得尤为明显。

聪明的胜出者：坐山观虎斗

> 坐山观虎斗是一种置身事外的人生智慧，是不可或缺的决胜武器。面对不止一个对手时，切不可操之过急，免得反而促成他们联手对付自己。这时最正确的方法就是静观不动，等待适当的时机时再出击。

山上的人就是等着收渔人之利的人。

两只打得不可开交的老虎就像是两个大企业。

哈哈，最后胜利的是我！

博弈的精髓在于参与者的策略互相影响、互相依存。对于我们而言，无论对方采取何种策略，我们都应该采取最优策略。

民国初年，广西境内军阀势力混杂，在经过几年权力洗牌后，主要存在着三股军阀势力。三方互为犄角，形成对立之势。这三股势力分别是：陆荣廷、沈鸿英和李宗仁。三方在兵力上的差距不大。其中，陆荣廷有将近 4 万人马，沈鸿英的军队有两万多人。李宗仁在与黄绍竑联合后，在兵力上基本与沈鸿英打个平手。

势力最大的陆荣廷打算统一广西，决定先除去沈鸿英。1924 年年初，陆荣廷率领精锐部队近万人北上，进驻桂林城外。沈鸿英在察觉到陆荣廷的企图后，立即赶往桂林截击。双方就这样，在桂林城外展开激战。这一仗打了三个月，双方都死伤惨重，谁也没占着便宜。在这种情况下，陆荣廷和沈鸿英都表示出和解的意向。

在陆沈相争之时，李宗仁则是坐山观虎斗，时刻注意着两人的战况。当了解到双方打算和解的时候，李宗仁意识到自己的机会来了。

他的想法是：如果两人和解，就会出现两种可能。一是，陆沈二人各回各的地盘，广西的局势依然是三足鼎立。二是，两人联手后，转而对自己下手。如果是第一种情况，自己就可以按兵不动，静观其变。但是，两人合作后，攻击自己的可能性很大。那么，自己就要趁着陆沈二人元气尚未恢复之机，率先下手。

于是，李宗仁立刻召集白崇禧和黄绍竑就这一情况进行商讨。白崇禧和黄绍竑都表示同意李宗仁的观点。接下来，问题的关键就在于先打谁，是陆荣廷还是沈鸿英。李宗仁从道义的角度出发，认为应当先攻打沈鸿英。白崇禧和黄绍竑则从战略意义出发，认为应当趁陆荣廷后方空虚之际，先攻打南宁，吃掉陆荣廷的地盘。经过协商，三人最终制定了出击顺序，依照"先陆后沈"的原则，先攻击陆荣廷。

1924年5月，李宗仁和白崇禧兵分两路，分别从陆路和水陆向南宁方向进攻。一个月后，两路人马在南宁胜利会师。而后，李忠仁等人成立定桂讨贼联军总司令部，打着讨伐陆荣廷残部的旗号，陆续铲除了沈鸿英、谭浩明等广西军阀。至此，李忠仁完成对广西的统一，成为了国民党内部桂系军阀的首领。

李宗仁能够赢得最后的胜利，顺利统一广西，最关键的因素就是他选择了正确的攻击顺序。在李、陆、沈三人的军事实力中，陆荣廷的实力显然是最强的。李宗仁和沈鸿英的实力相当。陆荣廷和沈鸿英在鏖战了三个月后，双方互有损伤。对于在一旁观战，实力毫发未损的李宗仁来说，沈鸿英此时的实力已经弱于自己。如果先攻击沈鸿英，李宗仁在实力上占有一定的优势。不过，陆荣廷离开自己的老巢南宁，跑到桂林与沈鸿英交战。此时，如果能"联弱攻强，避实击虚"，就可以让陆荣廷失去立足之地。假设李宗仁先攻击沈鸿英，即使取胜，也必定会消耗自己的实力，同时给陆荣廷以喘息的机会。到那时就有可能形成李、陆对立之势，依然无法统一广西。根据当时的情况，"先陆后沈"是李宗仁行动的最佳策略。李宗仁也正是因为采取了这一攻击顺序，成为了最终的赢家。

所以说在复杂的多人博弈中，只要策略得当，最终的胜出者不一定是实力最强的博弈者。因为决定胜负的因素很多，实力是很重要的一个因素，但不是唯一的因素。

第九章
警察与小偷博弈

警察与小偷模式：混合策略

在一个小镇上，只有一名警察负责巡逻，保卫小镇居民的人身和财产安全。这个小镇分为 A、B 两个区，在 A 区有一家酒馆，在 B 区有一家仓库。与此同时，这个镇上还住着一个以偷为生的惯犯，他的目标就是 A 区的酒馆和 B 区的仓库。因为只有一个警察，所以他每次只能选择 A、B 两个区中的一个去巡逻。而小偷正是抓住了这一点，每次也只到一个地方去偷窃。我们假设 A 区的酒馆有 2 万元的财产，而 B 区的仓库只有 1 万元的财产。如果警察去了 A 区进行巡逻，而小偷去了 B 区行窃，那么 B 区仓库价值 1 万元的财产将归小偷所有；如果警察在 A 区巡逻，而小偷也去 A 区行窃，那么小偷将会被巡逻的警察逮捕。同样道理，如果警察去 B 区巡逻，而小偷去 A 区行窃，那么 A 区酒馆的 2 万元财产将被装进小偷的腰包，而警察在 B 区巡逻，小偷同时也去 B 区行窃，那么小偷同样会被警察逮捕。

在这种情况下，警察应该采取哪一种巡逻方式才能使镇上的财产损失最小呢？如果按照以前的办法，只能有一个唯一的策略作为选择，那么最好的做法自然是警察去 A 区巡逻。因为这样做可以确保酒馆 2 万元财产的安全。但是，这又带来另外一个问题：如果小偷去 B 区，那么他一定能够成功偷走仓库里价值 1 万元的财产。这种做法对于警察来说是最优的策略吗？会不会有一种更好的策略呢？

让我们设想一下，如果警察在 A、B 中的某一个区巡逻，那么小偷也正好去了警察所在的那个区，那么小偷的偷盗计划将无法得逞，而 A、B 两个区的财产都能得到保护，那么警察的收益就是 3（酒馆和仓库的财产共计 3 万元），而小偷的收益则为 0，我们把它们计为（3，0）。

如果警察在 A 区巡逻，而小偷去了 B 区偷窃，那么警察就能保住

A 区酒馆的 2 万元，而小偷将会成功偷走 B 区仓库的 1 万元，我们把此时警察与小偷之间的收益计为（2，1）。

如果警察去 B 区巡逻，而小偷去 A 区偷窃，那么警察能够保住 B 区仓库的 1 万元，却让小偷偷走了 A 区酒馆的 2 万

		小偷	
		A 区	B 区
警察	A 区	（3，0）	（2，1）
	B 区	（1，2）	（3，0）

元。这时我们把他们的收益计为（1，2）。

这个时候，警察的最佳选择是用抽签的方法来决定巡逻的区域。这是因为 A 区酒馆的财产价值是 2 万元，而 B 区仓库的财产价值是 1 万元，也就是说，A 区酒馆的价值是 B 区仓库价值的 2 倍，所以警察应该用 2 个签代表 A 区，用 1 个签代表 B 区。如果抽到代表 A 区的签，无论是哪一个，他就去 A 区巡逻，而如果抽到代表 B 区的签，那他就去 B 区巡逻。这样，警察去 A 区巡逻的概率就为 2/3，去 B 区巡逻的概率为 1/3，这种概率的大小取决于巡逻地区财产的价值。

对小偷而言，最优的选择也是用抽签的办法选择去 A 区偷盗还是去 B 区偷盗，与警察的选择不同，当他抽到去 A 区的两个签时，他需要去 B 区偷盗，而抽到去 B 区的签时，他就应该去 A 区偷盗。这样，小偷去 A 区偷盗的概率为 1/3，去 B 区偷盗的概率为 2/3。

下面让我们来用公式证明对警察和小偷来说，这是他们的最优选择。

当警察去 A 区巡逻时，小偷去 A 区偷盗的概率为 1/3，去 B 区偷盗的概率为 2/3，因此，警察去 A 区巡逻的期望得益为 7/3（$1/3 \times 3 + 2/3 \times 2 = 7/3$）万元。当警察去 B 区巡逻时，小偷去 A 区偷盗的概率同样为 1/3，去 B 区偷盗的概率为 2/3，因此，警察此时的期望得益为 7/3（$1/3 \times 1 + 2/3 \times 3 = 7/3$）万元。由此可以计算出，警察总的期望得益为 7/3（$2/3 \times 7/3 + 1/3 \times 7/3 = 7/3$）万元。

由此我们得知，警察的期望得益是 7/3 万元，与得 2 万元收益的只巡逻 A 区的策略相比，明显得到了改进。同样道理，我们也可以通过计算得出，小偷采取混合策略的总的期望得益为 2/3 万元，比得 1 万元收益的只偷盗 B 区的策略要好，因为这样做他会更加安全。

通过这个警察与小偷博弈，我们可以看出，当博弈中一方所得为另一方所失时，对于博弈双方的任何一方来说，这个时候只有混合策略均衡，而不可能有纯策略的占优策略。

对于小孩子之间玩的"石头剪刀布"的游戏，我们应该都不会陌生。在这个游戏中，纯策略均衡是不存在的，每个小孩出"石头""剪刀"和"布"的策略都是随机决定的，如果让对方知道你出其中一个策略的可能性大，那么你输的可能性也会随之增大。所以，千万不能让对

辨析纯策略与混合策略

这是个选项你只能选择一个作为正确选项。

根据你提供的信息，我选择了几只股你看一下，都很适合你现在投资

在完全信息博弈中，如果在每个给定信息下，只能选择一种特定策略，这个策略为纯策略。

如果在每个给定信息下，以某种概率选择不同策略，称为混合策略。

纯策略是混合策略的特例。

混合策略 纯策略

混合策略是纯策略在空间上的概率分布。

二者的关系

方知道你的策略，就连可能性比较大的策略也不可以。由此可以得出，每个小孩的最优混合策略是采取每个策略的可能性为 1/3。在这个博弈中，"纳什均衡"是每个小孩各取 3 个策略的 1/3。所以说，纯策略是参与者一次性选取，并且一直坚持的策略；而混合策略则不同，它是参与者在各种可供选择的策略中随机选择的。在博弈中，参与者并不是一成不变的，他可以根据具体情况改变他的策略，使得他的策略的选择满足一定的概率。当博弈中一方所得是另一方所失的时候，也就是在零和博弈的状态下，才有混合策略均衡。无论对于博弈中的哪一方，要想得到纯策略的占优策略都是不可能的。

防盗地图不可行

通过警察与小偷博弈可以看到，并不是所有博弈都有优势策略，无论这个博弈的参与者是两个人还是多个人。

2006 年年初，杭州市民孙海涛在该市各大知名论坛上建立电子版"防小偷地图"一事引起了人们的普遍关注。这张电子版的"防小偷地图"是一个三维的杭州方位图，杭州城的大街小巷以及商场建筑都能够在这张图上找到。如果需要，网民们还通过点击标注的方式放大某个路段、区域。最令人称道的是，人们想要查寻杭州市哪个地区容易遭贼，只需要点开这个地图的网页，轻轻移动鼠标就可以一目了然。这张地图自从问世以来，吸引了网民大量的点击率。

虽然地图上已经标注了很多容易被盗的地点，但是为了做到"与时俱进"，于是允许网民将自己知道的小偷容易出现的地方标注到里面。短短 3 个月的时间，已经有 40 多名网民在这张地图上添加新的防盗点。网友们将小偷容易出现的地段标注得特别详细，甚至还罗列出小偷的活动时间、作案惯用手段等信息。

正当网民们为"防小偷地图"而欢呼雀跃的时候，《南京晨报》却发出了不同的声音。《南京晨报》的一篇文章十分犀利地写道："为何没有'警方版防偷图'？"这个问题无异于一盆冷水，一下子浇醒了那些热情洋溢的网民。按道理说，警察对小偷的情况必定比普通市民了解得更多，可是他们为什么没有设计出一个防偷地图保护广大市民的财产安全呢？

《时代商报》发表的评论文章对此作出了解答。文章指出，如果警方公布这类地图，那么很有可能会弄巧成拙。由于不知道谁是小偷，所以当市民看到这类地图的时候，小偷也会看到，这样小偷自然就不会再出现在以前经常出现的地方，而是转移战场，到别的地方去作案。

这篇文章所说的有一定道理，虽然不够深入与全面。

为了能够更好地理解这个问题，请看下面两个房地产开发商的例子。

假设昆明市的两家房地产公司甲和乙，都想开发一定规模的房地产，但是昆明市的房地产市场需求有限，一个房地产公司的开发量就能满足这个市场需求，所以每个房地产公司必须一次性开发一定规模的房地产才能获利。在这种局面下，两家房地产公司无论选择哪种策略，都不存在一种策略比另一种策略更优的问题，也不存在一个策略比另一个策略更差劲儿的问题。这是因为，如果甲选择开发，那么乙的最优策略就是不开发；如果甲选择不开发，则乙的最优策略是开发。同样道理，如果乙选择开发，那么甲的最优策略就是不开发；如果乙选择不开发，则甲的最优策略是开发。

从矩阵图中，可以清晰地看到，只有当甲乙双方选择的策略不一致时，选择开发的

		甲	
		开发	不开发
乙	开发	（0，0）	（1，0）
	不开发	（0，1）	（0，0）

不让对手看透，将计就计

　　博弈的特点就是参与者相互之间进行猜测，在你猜测对手的同时，对手也在猜测你。博弈的要务之一就是不能把你的任何真实的规律暴露给对手，不然的话，对手就有可能乘机抓住你的弱点，将你一举打败。

　　如果要想在与对手的较量中取胜，就要运用随机混合策略，千万不能让你的策略有规律可循。

那家公司才能够获利。

　　按照"纳什均衡"的观点，这个博弈存在着两个"纳什均衡"点：要么甲选择开发，乙不开发；要么甲选择不开发，乙选择开发。在这种情况下，甲乙双方都没有优势策略可言，也就是甲乙不可能在不考虑对方所选择的策略的情况下，只选择某一个策略。

　　在有两个或两个以上"纳什均衡"点的博弈中，谁也无法知道最后结果会是怎样。这就像我们无法得知到底是甲开发还是乙开发的道理。

　　回到前面提到的制作警方版"防小偷地图"的问题上来。在警方和小偷都无法知道对方策略的情况下，如果警方公布防小偷地图，这对警方来说看似是最优策略，但是当小偷知道你的最优策略之后，他就会明白这是他的劣势策略，因此他会选择规避这一策略，转向他的优势策略。毫无疑问，警方发布防小偷地图以后，小偷必然不会再去地图上标注的地方偷窃，而是寻找新的作案地点。所以说，从博弈策略的角度来虑，制作警方版"防小偷地图"并不是一个很好的方法。

混合策略不是瞎出牌

数学家约翰·冯·诺伊曼创立了"最小最大定理"。在这一定理中，诺伊曼指出，在二人零和博弈中，参与者的利益严格相反（一人所得等于另一人所失），每个参与者都会尽最大努力使对手的最大收益最小化，而他的对手则正好相反，他们努力使自己的最小收益最大化。在两个选手的利益严格对立的所有博弈中，都有这样一个共同点。

诺伊曼这一理论的提出与警察与小偷博弈有很大的关系。在警察与小偷博弈中，如果从警察和小偷的不同角度计算最佳混合策略，那么得到的结果将是，他们有同样的成功概率。换句话说就是，警察如果采取自己的最佳混合策略，就能成功地限制小偷，使小偷的成功概率与他采用自己的最佳混合策略所能达到的成功概率相同。他们这样做的结果是，最大收益的最小值（最小最大收益）与最小收益的最大值（最大最小收益）完全相等。双方改善自己的收益成为空谈，因此这些策略使得这个博弈达到一个均衡。

最小最大定理的证明相当复杂，对于一般人来说，没有必要花大力气去深究。但是，它的结论却非常实用，能够解决我们日常生活中的很多问题。比如你想知道比赛中一个选手之得或者另一个选手之失，你只要计算其中一个选手的最佳混合策略就能够得出结果了。

在所有混合策略中，每个参与者并不在意自己的任何具体策略，这是所有混合策略的均衡所具有的一个共同点。如果你采取混合策

正确认识混合策略

混合策略要求人们以随机的方式选择自己的行动，由于随机性的行为无法准确预期，就需要人们正确认识混合策略。

> 她不按招式出拳，我如何招架？

> 您武艺已经大有所成，怎么会败在您老婆手下？

混合策略的一种解释是虚张声势，即参与人试图通过选择混合策略给对手造成不确定性，使对手不能预测自己的行动，从而使自己获得好处。

混合策略是更高层次的纯策略。纯策略可以作为混合策略的一种退化形式。

略，就会给对手一种感觉，让他觉得他的任何策略都无法影响你的下一步行动。这听上去好似天方夜谭，其实并不是那样。因为它正好与零和博弈的随机化动机不谋而合，既要觉察到对方任何有规律的行为，采取相应的行动制约他，同时也要坚持自己的最佳混合策略，避免一切有可能让对方占便宜的模式。如果你的对手确实倾向于采取某一种特别的行动，那只说明，他们选择的策略是最糟糕的一种。

所以说，无论采取随机策略，还是采取混合策略，与毫无策略地"瞎出"不能画等号，因为随机策略与混合策略都有很强的策略性。但有一点需要特别注意，一定要运用偶然性提防别人发现你的有规则行为，从而使你陷入被动之中。

我们小时候经常玩的"手指配对"游戏就很好地反映了这个问题。在"手指配对"游戏中，当裁判员数到三的时候，两个选手必须同时伸出一个或者两个手指。假如手指的总数是偶数，那么伸出两个手指的人也就是"偶数"的选手赢；假如手指的总数是奇数，那么伸出一个手指也就是"奇数"的选手赢。

如果在不清楚对方会出什么的情况下，又该怎样做才能保证自己不落败呢？有人回答说："闭着眼瞎出。"可能很多人会被这样的回答搞得哈哈大笑，但是，其实笑话别人的人才真正可笑。那个人的话虽然看似好笑，实则很有道理。因为从博弈论的角度看，"闭着眼瞎出"也存在着一种均衡模式。

如果两位选手伸出几个手指不是随机的，那么这个博弈就没有均衡点。假如那位"偶数"选手一定出两个指头，"奇数"选手就一定会伸出一个指头。反过来想，既然"偶数"选手确信他的对手一定会出"奇数"，他就会作出改变，改出一个指头。他这样做的结果是，那位"奇数"选手也会跟着改变，改出两个指头。如此一来，"偶数"选手为了胜利，转而出两个指头。于是就形成了一个循环往复的过程，没有尽头。

因为在这个游戏中，结果只有奇数和偶数两种，两名选手的均衡混合策略都应该是相等的。假如"偶数"选手出两个指头和一个指头的概率各占一半，那"奇数"选手无论选择出一个还是两个指头，两名选手将会打成平手。同样道理，假如"奇数"选手出一个指头与出两个指头的概率也是各占一半，那么"偶数"选手无论出两个指头还是一个指头，得到的结果还是一样。所以，混合策略对双方来说都是最佳选择。它们合起来就会达到一个均衡。

这一解决方案就是混合策略均衡，它向人们反映出，个人随机混合自己的策略是非常有必要的一件事情。

过去有一位拳师，他背井离乡去学艺，学成归来后在家里与老婆因一件小事而发生矛盾。他老婆并没有秉承古代女子温婉贤淑的遗风，而是一个性格暴躁、五大三粗的女人。在自己丈夫面前，她更加肆无忌惮。她摩拳擦掌，准备让拳师知道她的厉害。拳师学有所成，根本不把她放在眼里，脸上充满了鄙夷的神情。可是没想到拳师还没有摆好架势，他老婆已经猛冲上来，二话不说就把他打得鼻青脸肿。拳师空有一身本领，在他老婆面前竟然毫无还手之力。

事后别人对此很不理解，就问他说："您武艺已经大有所成，怎么会败在您老婆手下？"拳师满脸委屈地回答说："她不按招式出拳，我如何招架？"

这个笑话就与民间流传的"乱拳打死老师傅"有异曲同工之妙。像拳师的老婆和"乱拳"，就可以看作是随机混合策略的一种形象叫法。

像那位拳师以及很多"老师傅"，他们因为只采取随机策略或混合策略中的一种，所以在随机混合策略面前必然会吃大亏。

混合策略也有规律可循

随着网球运动的不断普及，网球越来越受到人们的欢迎，网球比赛在电视转播中也越来越多。在观看网球比赛时，人们会发现，水平越高的选手对发球越重视。德尔波特罗、罗迪克、达维登科等球员底线相持技术一般，但是因为有一手漂亮的发球，所以能够跻身于世界前列。中国女球员虽然技术十分出色，也取得过不俗的成绩，但是如果想要获得更大的进步，还需要在发球方面好好地下一番苦工夫。

发球的重要性使得球手们对自己的策略更加重视。如果一个发球采取自己的均衡策略，以 40：60 的比例选择攻击对方的正手和反手，接球者的成功率为 48%。如果发球者不采取这个比例，而是采取其他比例，那么对手的成功率就会有所提升。比如说，有一个球员把所有球都发向对手的实力较差的反手，对手因为意识到了发球的这种规律，就会对此做出防范，那么他的成功率就会增加到60%。这只是一种假设，在现实中，如果比赛双方两个人经常在一起打球，对对方的习惯和球路都非常熟悉，那么接球者在比赛中就能够提前作出判断，采取相应的行动。但是，这种方法并非任何时候都能奏效，因为发球者可能是一个更加优秀的策略家，他会给接球者制造一种假象，让接球者误以为自己已经彻底了解了发球者的意图，为了获得比赛的胜利而放弃自己的均衡混合策略。如此一来，接球者必然会上当受骗。也就是说，在接球者眼里很傻的发球者的混合策略，可能只是引诱接球者的一个充满危险的陷阱。因此，对于接球者来说，为了避免这一危险，必须采取自己的均衡混合策略才可以。

和正确的混合比例一样，随机性也同样重要。假如发球者向对手的反手发6个球，然后转向对方的正手发出4个球，接着又向反手发6个，再向正手发4个，这样循环下去便能够达到正确的混合比例。但是，发球者的这种行为具有一定的规律性，如果接球者足够聪明的话，那他很快就能发现这个规律。他根据这个规律做出相应的调整，那么成功率就必然会上升。所以说，发球者如果想要取得最好的效果，那么他必须做到每一次发球都让对手琢磨不透。

由此可以看出，如果能够发现博弈中的某个参与者打算采取一种行动方针，而这种行动方针并非其均衡随机混合策略，那么另一个参与者就可以利用这一点占到便宜。

随机策略的应用

在拉斯维加斯的很多赌场里都有老虎机。那些经常光顾的人都会注意到，在每台老虎机上面都贴着一辆价格不菲的跑车的照片。老虎机上贴着告示，告诉赌客们，在他们之前已经有多少人玩了游戏，但豪华跑车大奖还没有送出，只要连续获得 3 个大奖，那么豪华跑车就将归其所有。这看起来充满了诱惑，就连不想玩老虎机的人都会得到一种心理暗示：既然前面那么多人玩都没有得到大奖，那就说明大奖很快就要产生了，如果我玩的话大奖很可能归我所有。

其实，不管前面有没有人玩过，每个人能否得到跑车的概率都是一样的。有很多人喜欢买彩票，看到别人昨天买一个号中了大奖，于是他就不再选那个号码。同样，昨天的号码再次成为得奖号码的机会跟其他任何号码相等。

这就涉及一个概率问题。概率里有一个重要的概念，也就是事件的独立性概念。很多情况下，像上面例子中提到的那些人，因为前面

🌀 随机读书策略有效避知识短缺

人的社会适应性需要方方面面知识的积累，如果刻意只强调某一方面的能力或学识就会导致进入社会的不适应性，如交际能力差，表达能力差。

多方面

目前大学生在学校进修专业课的同时，还需要多读一读口才学、应用文写作、交际类书籍，甚至可以多读读哲学和心理学等。随机读书，能够避免进入社会后知识短缺造成工作短板。

社　会

因为测不准原理的影响，随机策略更有可能让我们在谎言与迷惑之中作出正确的选择。

竞　争

可以选择某种绝对秘密而且足够复杂的固定规则，来使对手无法预测我们的策略。

已经有了大量的未中奖人群做"铺路石"，所以他们去投入到累计回报的游戏中，买与别人不同的号码。但是，他们不知道，每个人的"运气"与别人的"运气"是没有任何关系的，并不是说前面玩的人都没有中奖会使你中奖的机会有所增加。这就像抛硬币一样。如果硬币抛了10次正面都没有出现，是不是下一次抛出正面的可能性会增加呢？影响硬币正反面的决定性因素有很多，包括硬币的质地和抛的手劲，如果除去这些影响因素，那么第十一次抛出硬币出现正面概率仍然和抛出反面的概率相等。

《清稗类钞》记载着这样一个故事。清代文学家龚自珍除了对作诗有兴趣外，对掷骰子押宝也同样喜欢。他比普通人聪明很多，因为别人掷骰子押宝只靠运气，或者耍手段谋利。但是这著名的文学家竟然另辟蹊径，把数学知识运用到赌博之中。在他屋里蚊帐的顶端，写满了各种数字，他没事就聚精会神地盯着蚊帐顶端的数字，研究数字间的变化规律。他见人就自夸说，自己对于赌博之道是如何精通，在押宝时虽然不能保证百分之百正确，但也能够猜对百分之八九十。龚自珍虽然说得天花乱坠，但是每当他去赌场赌博，却又几乎必输无疑。朋友们嘲笑他说："你不是非常精通赌博之道吗，为什么总是输呢？"龚自珍非常忧伤地回答说："虽然我非常精通赌博之术，但是无奈财神不照应我，我又有什么办法呢？"

龚自珍的解释只不过是一种无奈的自我安慰罢了。心理学家们经过研究得出结论，人们总是会忘记，抛硬币出现正面之后再抛一次，正面与反面出现的概率相同这一道理。如此一来，他们连续猜测的时候，总是会在正反两面之间来回选择，连续把宝押在正面或反面的情况却很少出现。

其实有很多东西是非人类的智力所能及的，与其靠主观猜测作出决断，让主观猜测影响我们的决策，还不如干脆采取纯策略的方式。印第安人对此有非常清醒的认识，他们的狩猎行动采取的也就是这样一种策略。

印第安人靠狩猎为生，他们每天都要面对去哪里打猎的问题。一般的做法是，如果前一天在某个地方收获颇丰，那么第二天还应该毫不犹豫地再去那个地方。这种方法虽然可能使他们的"生产力"在一定时间内出现快速增长，但正如管理学家所言，有许多快速增长常常是在缺乏系统思考的前提下，通过掠夺性利用资源手段取得的，这样做虽然可以保证收获数量在一小段时间内得到增长，但是在达到顶点后将会迅速地下滑。如果这些印第安人把以往取得成果的经验看得太重，那么他们很容易陷入因过度猎取猎物而使资源耗竭的危险之中。

印第安人可能不会意识到这个问题，但是他们的行动却使得他们避免出现上述问题。他们寻找猎物的方法与中国古代的烧龟甲占卜的方法极其相似，只是他们烧的是鹿骨罢了。当骨头上出现裂痕以后，

税务局与纳税企业之间的博弈

众所周知，税务局的审计规律在一定程度上是模糊而笼统的。如果税务局的审计行动具有完全可预见性，审计结果就会出现问题。

这样做的目的其实很明显，就是给企业造成一种心理压力，让他们全都难逃审计的风险。

假如企业能够预测到自己在受审计的行列之内，而又能找到一个出色的会计师对报税单做一番动作，那么他们必然会这样去做，使其不再符合条件以免除被审计。

假如一个企业肯定被审计，那他就会选择如实申报。

那些部落中负责占卜的"大师"就会破解裂痕中所包含的信息，由此判断出当天他们应该去哪个方向寻找猎物。令人不可思议的是，这种依靠巫术来决策的方法，一般情况下都不会让他们空手而归。也正因为这样，这个习俗才得以在印第安部落中一直沿袭下来。

在这样的决策活动中，印第安人正是很好地照顾到了长远的利益，尽管这可能并不是他们的本意。

比如那些必须使自己的混合策略比例维持在 50：50 的棒球投手，他最好的策略选择就是让他的手表替他作出选择。他应该在每投一个球前，先看一眼自己的手表，假如秒针指向奇数，投一个下坠球；假如秒针指向一个偶数，投一个快球。这种方法其他情况下也同样适用。比如那个棒球手要用 40% 的时间投下坠球，而用另外 60% 的时间投快球，那么他就应该选择在秒针落在 1—24 之间的时候投下坠球，在 25—60 之间的时候投快球。